生态视角下环境艺术设计的可持续发展研究

刘丰溢◎著

中国纺织出版社有限公司

图书在版编目（CIP）数据

生态视角下环境艺术设计的可持续发展研究／刘丰溢著．--北京：中国纺织出版社有限公司，2022.8
ISBN 978-7-5180-8259-9

Ⅰ．①生…　Ⅱ．①刘…　Ⅲ．①环境设计－可持续性发展－研究　Ⅳ．①TU-856

中国版本图书馆CIP数据核字（2020）第244170号

责任编辑：武洋洋　　责任校对：高　涵　　责任印制：储志伟

中国纺织出版社有限公司出版发行
地址：北京市朝阳区百子湾东里A407号楼　邮政编码：100124
销售电话：010—67004422　传真：010—87155801
http://www.c-textilep.com
中国纺织出版社天猫旗舰店
官方微博http://weibo.com/2119887771
北京通天印刷有限责任公司印制　各地新华书店经销
2022年8月第1版第1次印刷
开本：710×1000　1／16　印张：12.5
字数：226千字　定价：52.00元

前　言

生态设计是一种以生态为原则引导生活条件的艺术设计。由此可见，生态设计的本质是实现人与自然的和谐发展，保证人类生存空间与其他物种生存空间的和谐共存。通过多样化的技术手段和各种先进材料的使用，可以进一步保证人类生活水平的提高，尽可能降低对自然环境的危害。随着人类生态意识的觉醒，越来越多的人将生态观念融入社会生活。生态观念深入人心，深刻影响着人们社会生活的方方面面。同时，生态设计理论的研究和设计技术的研究将进一步导致人类生活空间的变化，进一步指导人类向前不断发展。人们可以用生态学的方法来最小化人类生存空间对自然的影响，并将这种方法应用到人们日常生活的各个方面。本书以环境艺术设计为主体，从生态视角对环境艺术设计的可持续发展进行研究。

本书共分五章，第一章是对环境艺术设计的整体概述，内容包括环境艺术设计的相关概念、设计原则、构成要素以及发展趋势等。第二章从环境艺术设计生态性的基本内涵与原则说起，对环境艺术设计生态性的技术支持以及公共环境和室内环境艺术设计的生态化进行了分析。第三章是从生态视角对环境艺术设计形态及空间的论述，主要内容包括环境艺术设计的相关形态要素、环境艺术设计与空间的关系以及空间尺度。第四章是对环境艺术设计中生态材料的分析与运用的研究，主要分析了生态化材料与环境的关系、环境艺术设计使用材料及其生态化，并在第三节以竹资源为例分析了环境艺术设计中生态化材料的运用情况。第五章是从生态视角对环境艺术设计可持续发展的研究，主要研究内容有可持续发展与艺术设计的关系、环境生态平衡与可持续发展、中国生态性环境艺术设计困境和发展方向、艺术设计可持续发展的控制系统与决策机制、生态视角下中国艺术设计行业可持续发展的战略与对策。

本书在编写过程中参考了许多同行的著作，并获得了许多专家学者的支持和帮助，在此郑重地表示感谢。虽然在成书过程中进行了多次编辑与校改，但限于作者水平，书中难免有错漏之处，欢迎广大读者指正。

作者

2022 年 8 月

目　录

第一章 环境艺术设计概述

环境艺术设计是一门以现代科学研究为基础，研究人与环境关系的学科。环境艺术不同于单纯的欣赏艺术，它以艺术表现的形式，运用物质科学技术来创造人类生存和生活的空间环境。它始终与使用者联系在一起，是一种实用性与艺术性相结合的空间艺术。例如，人们在空间中从事工作、学习、休息、娱乐、购物、沟通、交通等一系列活动，这些都属于空间环境设计中需要研究的内容。本章将对环境艺术设计的相关概念和构成要素进行概述。主要内容有环境艺术设计的含义、特征、构成要素、设计原则等。

第一节 环境艺术设计的含义与范畴

一、环境艺术设计的含义

"环境"二字，从字面上理解，其含义十分广泛。从广义上讲，"环境"是指主体周围的事物，特别是人或生物周围的事物，包括相互作用的外部世界。我们通常所指的环境是指与人类有关的外部世界，即主要与人类有关的环境，包括自然环境、人工环境和社会环境。自然环境是指山脉、河流、地形、地貌、植被等自然组成的自然系统。人工环境是指人类主观创造的实体环境，包括城市、乡村建筑、道路、广场等人类生存和生活系统。社会环境是指人类创造的非实体环境，是由社会结构、生活方式、价值观念和历史传统构成的整个社会文化系统。三者的共同行动和协调发展构成了我们的现实生活环境。随着人类社会的不断发展，"环境"这一范畴的概念也在不断变化，并且随着人类活动的日益扩大，其内涵也在不断增加。

工业文明给人类带来了前所未有的社会发展。然而，随着工业化进程的推进，人们赖以生存的自然环境也被严重掠夺和破坏，自然生态资源日益枯竭，环境质量迅速恶化，污染日益严重。这时人们开始醒来并注意周围环境的变化。因此，1992 年，联合国在里约热内卢召开了环境与发展会议，会议提出了"可持续发展"的理论，其核心思想是：寻求发展的方式来满足我们这一代人的需要，同时又不危及后代人的需要。可持续发展的理念已被世界各国广泛接受，并逐渐成为各国发展决策的理论基础。在这样的背景下，现代环境艺术设计应运而生。

环境艺术的最终形成离不开结构、技术、材料、设备、资金等各种实施条件，没有这些条件，就不可能有真正完整的环境艺术。同时，随着社会的发展，人们价值观念的改变和审美意识的提高，环境艺术的形式也需要更加多样化，以改变和提高人们的生活质量。这些都促使现代设计师更加注重科技与环境艺术设计的结合，积极开展新技术、新材料、新结构等科技的开发和艺术美的创造。从这个角度来看，环境艺术也是一门科学技术与美的创造紧密结合的艺术。例如，我国的"水立方""鸟巢""国家大剧院"等建筑设计，均是以其新结构、新材料、新技术结合完美的造型设计所呈现出独特的魅力震撼了国人，也震撼了世界。

环境艺术是建立在自然环境之外的一种人工艺术创作，但它又离不开自然环境本身。它必须植根于自然环境并与之共存。如果环境艺术的创造需要控制和利用自然生态资源，那么当森林植被、气候、水资源和生物生态环境被破坏时，它不仅会重复错误的机械文明的时代，也和现代环境艺术的艺术性、科学性以及可持续发展的理念相违背。因此，环境艺术设计要采取与自然和谐的整体观念去构思，以生态学思想和生态价值观为主要原则，充分考虑人类居住环境可持续发展的需求，成为与自然共生的生态艺术。

环境艺术设计是以人为本的设计。它的最终目标是为人们提供一个合适的居住和移动的地方，把人们对环境的需求，即物质和精神的需求放在设计的首位。环境艺术设计关注人类工程学、环境心理学、环境行为学等方面的研究，科学地、深入地了解和把握人的生理、心理特征和需求。它在满足人们物质条件的基础上，使人们的心理、审美、精神和人文需求得到满足。它让使用者充分感受到对人性的关怀，使他们的精神意志得到完美的体现。全面解决人们对空间环境的使用功能、经济效益、舒适美观、环境氛围等方面的需求。所以，环境艺术是"以人为本"的艺术。例如，在进行环境艺术设计过程中，通常会认真考虑使用者的特点和不同要求，即根据其不同的年龄、职业、文化背景、喜好等方面问题的研究作为设计的切入点。还要考虑自然环境的特点，如当地气候、植被、土壤和健康状况；另外，在一些公共环境，人性化的设计和无障碍设计，如盲道和残疾人通道等。

任何艺术都不能孤立存在，环境艺术也不例外。这是一门边缘而全面的艺术学科。学科门类涉及广泛，主要有建筑、城市规划、景观设计、设计美学、环境美学、生态学、环境行为学、工效学、环境心理学、社会学等。环境艺术设计与这些学科的内容形成了交叉与融合，共同构成了现代环境艺术设计的广泛延伸和丰富内涵。因此，这就要求设计师有一个坚实的系统的专业基础理论知识和丰富的相关学科知识作为支持，有一个好的环境的整体认识和综合审美品质，掌握系统设计的方法和技巧，并有创造性思维和综合表达能力，真正为人们创造一个理想的和高质量的生活环境。

二、环境艺术设计的范畴

环境艺术设计的范畴，微观到一件陈设品、一间居室的设计，宏观到建筑、广场、园林、城市的设计。它如同一把大伞，涵盖了几乎所有的艺术与设计专业领域。著名的环境艺术理论家多伯（Richard P. Dober）认为环境艺术作为一门艺术，它比建筑艺术更巨大，比规划更广泛，比工程更富有感情。这是一种沉重而有效的艺术，已经被传统所注意到。环境艺术的实践与人们影响周围环境功能的能力、赋予环境视觉秩序的能力、提高人类居住环境质量和装饰的能力密切相关。

从狭义上讲，环境艺术设计主要包括室内和室外环境的设计。内部环境的艺术是指以各种元素为目标的空间设计，如内部空间界面、家具；外部环境的设计是指建筑、广场、道路、绿化和各种环境设施等元素的组合。在这里，无论是室内还是室外，设计师不仅要设计构成环境的元素，而且要合理地组织和规划相互限制的元素之间关系。

第二节　现代环境艺术设计的特征

环境艺术是一种多学科的、相互的、系统的艺术，涉及城市规划、建筑、社会学、美学、人体工程学、心理学、人文地理学、物理学、生态学等领域。在环境艺术设计的范围内，这些学科是相互建立在一个完整的系统中。因此，环境艺术设计的发展也受到许多因素的影响。

一、现代环境艺术设计观念的特征

季羡林先生说，"东方哲学思想重综合，就是整体概念和普遍联系，即要求全面考虑问题"；而钱学森先生也曾说过，"21世纪是一个整体的量界"。实际上，整体化也是环境艺术设计的首要观点。

环境艺术的概念发展能够达到何种水平，其主要是根据一件作品是否能够与客观条件和自然环境之间建立起持久、和谐的关系，这与艺术家单纯为了追求艺术而进行的创作是不同的，艺术家的创作是自我造型的艺术，而环境艺术是一种多学科相互协作的艺术。环境艺术设计将城市、建筑、室内外空间、园林、标志、公共设施等多方面元素整合为一个具有多层次的有机整体。即便在设计创作的过程中会出现具体的、相对单一的设计问题，但在解决问题的时候依旧要考虑到整体环境的协调统一性。同时节能与环保、可循环与高信息、开放与封闭系统的循环、提高材料恢复率、强大的自动调节性、多用途、多样性与多功能、生态美学等都是在进行整体设计时需要注意的问题。相比环境的功效问题和美学意义，社会经济因素显然更加重要，因为环境艺术设计的应用，到最后问题都会在环境效益上得到集中反馈。当下的大部分城市在景观设计方面都是以原有的景观为基础，在其形态上进行二次整修，但若想城市环境整体发生本质上的变化，就需要大量的资金作为支撑。即便拥有完美的设计与构思，但在设计的过程中不考虑环境的综合效益，不进行整体规划，那么在建设过程中将会出现对资金浪费的情况，同时整体环境设计带来的效益也不能够最大化，甚至会出现整体设计不仅不能够为环境的进一步改善起到作用，并且在后期维护上会耗费大量的人力物力。

环境艺术设计受到西方现代主义思想的影响，社会经济在已经积累了一定基础的情况下，功能和造价就不必完全放在环境艺术设计的首要位置考虑。但在中国当下的"现代主义设计"思潮中，首先要对功能和造价进行一定的了解和计算，才能继续考虑如何将设计思想体现出来，同时还要多方位、全面考虑个性设计对整体环境的塑造能够起到什么作用，要将技术与人文、技术与经济、技术与美学、技术与社会、技术与生态等诸多因素都考虑到整体设计中，只有系统地分析、根据当地实际情况对主观想象和客观条件之间的关系进行合理的处理，才能将经济效益、社会效益和环境效益最大化。从动态的角度来看，实现环境艺术设计可行性的最佳途径就是在生活的过程中科学合理地将上述内容中提到的这些因素结合起来。

因此，在设计中要有一套完整的设计理念。无论是区域环境设计还是建筑素描概念，都要了解整个城市的环境结构，认真规划、研究区域的过往发展历程以及当下的发展情况，分辨设计的应用是否具有持久性，通过对优缺点的分析，我们认识到了优点和缺点。通过科学合理、动态、全面的设计，解决历史、未来与周边问题的关系，实行差异化控制。最大限度、最合理地利用土地文化和现有的景观资源，实现生态美学与环境效益的融合，创造适合人们生活行为和精神需求的环境。

二、环境与人之关系相适应的特征

美国著名建筑理论家卡斯腾·哈里斯曾说过："大多数时候，特别是在运动中，我们的身体是感知空间的媒介。"人们总是参与各种感知空间的活动，使人体本身成为感知和测量空间的自然标准。因此，人与环境之间的物质、能量和信息的交换是内在的和外在的环境因素之间最根本的联系。可以说，它是元素之间最基本的关系。

环境是人类生存和发展的基石。全面来看，这是一种围绕主体并影响主体行为的外在事物。一方面，它是人的一种外在的客观物质，即人类生产活动的必要物质条件和精神需求；另一方面，人们不断地改造和创造自己所处的环境以满足自己的理想和需求，包括对环境的创造、破坏和保护的不同认知阶段，即环境与人的关系是相辅相成的，两者之间是需要相互适应的，而由于自然和社会总是不断发展的，因此他们也总是处于变化之中的。

（一）人对环境

现代环境概念的发展也具体反映在人们对环境的"选择"和"包容"的意识中。如果你选择拆除城市的城墙，把城市建设成古老的建筑，这实际上等于切断城市发展的"根"，从本质上说，这就像烧毁房子的宫殿。当我们参与研究和设计时，我们应该有意识地挖掘、使用和保存那些濒临消逝的东西。城市是需要通过长时间的经营、管理，是人类不断创造、维护的体现。城市风格的多样性和独特性体现出了每一座城市其本身具有的、不同于其他城市的生命力。实践证明，"保全"的城市建设理念将为城市面貌的多元化做出新的贡献。一座城市、一个街区甚至一个庭院（单元环境）都有自己的共同文化和个体文化，这些文化经历时间的更迭代代相传，而在这时间的洪流中，每个人都曾为他所生活的时代付出脑力劳动和经济代价。付出带来的也许是生存的环境更加繁荣，或许是环境的僵化和消失。城市建设涉及的创造、破坏和保护三者密不可分，环环相扣，甚至三者之间没有分明的界限来示意尺度。正因如此，人类在面对环境问题时，必须更加重视对环境的创造和保护，建设在不破坏原有环境的基础上进行改造和保护环境的意识，这样才能使城市环境的改造更接近环境的本质属性——自然的整体。

（二）环境对人

1943 年，美国人文主义心理学家马斯洛在《人类动机理论》一书中提出了"需要等级"的理论。他认为，人类普遍具有五种主要需求，由低到高依次是生理需求、安全需求、社会需求、自尊需求和自我实现需求。在不同的时期和环境，人们对各种需求的强烈程度会有所不同，但总有一种占优势地位。这五种需求都与室内外空间环境密切相关，如空间环境的微气候条件——生理需求；设施安全、可识别性等——安全需求；空间环境的公共性——社会需求；空间的层次性——自尊需求；环境的文化品位、艺术特色和公众参与等——自我实现需求。因此，我们可以发现它们之间的对应关系，即环境对人类的影响，也是人类对环境的各种需求。只有满足了一个层次的需求，才能实现对另一个层次需求的追求。当一系列的需求由于受到干扰而无法满足时，低层次的需求将成为优先级。环境空间设计应在满足低层需求的基础上，最大限度地满足高层的需求。随着社会日新月异的发展，人的需求也随之发生变化，使这些需求与承担它们的物质环境之间始终存在着矛盾，一种需求得到满足之后，另一种需求则会随之产生。这种人与空间环境的互动关系，就是一个相互适应的过程。

在现实中，空间环境的形成与人在其中的活动是一样的，正如戏剧舞台的布景与表演是相辅相成的。对于设计师来说，更重要的是要注意到静态舞台在整个戏剧中的重要性，并通过它来促进表演。因此，在某种程度上，就环境与人的关系而言，人塑造了空间环境，而空间环境又反过来影响和塑造了人。

三、环境艺术设计的文化特征

芬兰著名建筑师伊利尔·萨里宁曾说，"让我看看你的城市，我就能说出这个城市居民在文化上追求什么。"可见环境艺术在表现文化上的作用是多么的巨大。环境艺术是一个民族、一个时代的科技与艺术的反映，也是居民的生活方式、意识形态和价值观的真实写照。

（一）传统文化在环境艺术中的继承与发展

德国的规划界学术巨匠阿尔伯斯教授曾说：城市好像一张欧洲古代用作书写的羊皮纸，人们将它不断刷洗再用，但总留下旧有的痕迹。这"痕迹"之中其实就包括传统文化。例如，在中国传统文化中，风水作为一种传统环境观在对中国及周边一些国家古代民居、村落和城市的发展与形成上具有深刻的指导意义。各种聚落的选址、朝向、空间结构及景观构成等，均受风水学的影响而有着独特的环境意象和深刻的人文含义。许多西方的学者也对中国的风水文化进行讨论："风水具有鲜明的生态实用性"

"在许多方面，风水对中国人民是有益的，如它提出植树木和竹林以防风，强调流水近于房屋的价值"。它关注人与环境的关系，强调人与自然的和谐，表现出一种将天、地、人三者紧密结合的整体有机思想。《阳宅十书》"论宅外形"中说"人之居处，宜以大地山河为主，其来脉气势最大……"。风水的这些观念对现代环境艺术设计、建筑学和城市规划，对"回归自然"的新的环境观与文化取向至今仍有启示。风水的思想和风水现象及应用的广泛性，都使得风水无可争议地成为中华本土文化中一个引人注目的内容。

注重传统的设计风格，并将其与当地的文脉和社会环境有效地结合起来，好的设计可以建立历史的延续性，表达民族性和地域性，有利于体现文化的本源。如果机械地使用，会显得笨拙而乏味。环境及其建筑是特定环境中历史文化的产物。它们体现了一个国家、一个民族和一个地区的传统。要想继承和发展传统设计文化，必须重视对历史环境的保护。在标志性建筑和重点保护性景观的周围建立保护区（如天津、上海等城市把近代外来建筑设为专门的文化保护区域）。保护空间环境的完整性不被破坏，主要是有效控制周围建筑的高度、体量与形式等，根据不同城市、不同地段和不同的建筑物性质加以具体规定；同时，城市是受到新陈代谢规律支配的，作为有着强大的延续性和多样性的生生不息的有机体，也需要不断地更新。在此，德国剧作家席勒的观点虽有些偏激但有其道理："美也必然要死亡，尽管她使神和人为她倾倒。"由此，不断地发展和变化是生活的法则。继承与发展传统文化是为了创新，单一的、千篇一律的环境艺术设计不符合现代人的欣赏情趣和审美要求。

（二）地域文化在环境艺术中的挖掘与体现

在 20 世纪 70 年代后的建筑设计领域，Bernard Rudolfskv 所著《没有建筑师的建筑》一书的问世，引起了很大的反响。一些以前被忽视的乡土建筑的创作价值被重新发现。乡土建筑的这些特点是建立在气候、技术、文化和象征意义的基础上的。它们已经积累了很长时间，并且变得越来越成熟。有人在研究非洲、希腊、阿富汗的一些特定地理区域的住房建筑之后表明："这些地区的建筑不仅是建筑设计者创作灵感的源泉，而且其技术与艺术本身仍然是第三世界国家的设计者们创作中可资利用的、具有活力的途径。"这类研究呈现两种趋向：第一，"保守式"趋向——运用地区建筑原有技术方法并在形式上的发展；第二，"意译式"趋向——在新的技术中引入地区建筑的形式与空间组织。乡土建筑和乡土环境受到生产生活、社会习俗、审美观念和民族地域历史文化传统的制约。并且在许多方面，都有深厚的文化内涵有待挖掘和更新。

（三）环境艺术对西方文化的借鉴

我们在对西方文化的认识和了解的过程中，从器物到制度最后深入其思想文化建设，在这个对西方文化不断了解的过程中，我们总是把重点放在"器物"上，缺乏对这三个方面的全面认识和明确区分。在向西方学习的时候，人们总是盲目地追求最新的和最好的东西，认为最新的东西就是最好的。但是在西方，新思想和新技术屡见不鲜，在还没有学习到西方当下的思想、文化、技术时，更新的已经诞生，这样一来，想要迅速消化西方文化也是十分困难的。这种不理解、盲目崇拜外来事物和新事物的心态背后，是一种潜在的文化虚无主义。近年来，在我国大量风格迥异、流派众多的室内装饰设计作品中能够感受到，我们对西方环境文化的学习和吸收大多是浮于表面的，并且缺乏对其不同人文精神内在的理解。

（四）当代大众文化价值观在环境艺术中的体现

在大众主观意识越来越统一和客观后，从当下的客观环境来看，人们不需要代表国家利益的个人情感和意志，而是要追求多元化的价值观和判断体系，是真正属于自我的意识。人们逐渐开始更加注重对于空间、环境的创造和表达，因此渐渐地出现了"可识别性""场所感"等词语，而这些词语的诞生反映了人们对价值或意义的兴趣。此外，环境或场所服务于普通人，同时也应考虑到儿童或残疾人，这才是环境为人性服务的本质。其中，美国颁布的《1990年残疾人法案》的内容就是为公共场所和商业场所制定了残疾人通行的标准，同时要求在设计新的设施和对现有设施进行改造时，要核实相关法规，在法规范围内合理改造。将无障碍设计理念融合到整体环境设计中，既体现了人文关怀精神，同时也突出了大众文化价值观的重要性。

环境艺术设计对于文化的地域性、时效性和综合性的表现，是任何环境或个体事物都无法比拟的，这是因为环境艺术更多地体现了文化的人文形象，并且无时无刻都在增加新的内容，群体建筑的外部环境通常是一个城市，一个地区，甚至是一个民族的文化的象征。上海的外滩、北京的天安门广场、威尼斯的圣马可广场和纽约的曼哈顿都是能够代表一个民族或国家的优秀标志。而在现代化的环境艺术设计中，怎么体现文化特色，赋予环境新的文化意义，是一个严峻的问题，同时也是历史赋予设计师的使命。

四、环境艺术设计的地域化特征

现代环境设计的地域化特征主要表现在以下三个方面。

（一）地理地貌特征

地理和地貌是最持久的特征之一。任何一个地区，只要仔细观察，都会发现它们之间的区别。更多的差异反映在宏观资源上，如水道、河流、山丘、斜坡、山脉、高原等。这些自然因素总是影响环境建设过程。如山城重庆与平原城市石家庄，西北城市西安与江南水乡绍兴，它们之间的地貌差异对一个敏感于这些特征的设计师来说，会产生极大的诱感；而设计构思的一个重要思想就是要让那些特征彰扬出来，也就是说，对有助于生活舒适的素材都要加以利用；反之，对不利的条件要予以弥补。例如，在重庆的山坡道上择距修筑一些落脚的平地或是石磴，让跋涉的人们有择时而歇的机会。这种不同"使用"城市的设计方式，是源于地理地貌因素的直接反映。

水，是城市里一道独好的风景（图1-2-1）。一座有河道湖泊的城市是幸运的。在历史上，以自然海岸线的形式保持河岸在城市地区的建筑聚集是十分普遍的。野生芦苇、杂草和人工造林的自然共存将使风景格外明亮。然而，保持环境的清洁是使野外景观成为风景的基本条件，因此必须特别重视。不同地区的水有完全不同的风格，或平坦宽阔，或蜿蜒曲折，或流经河流。它独特的特点可能成为城市的重要标志之一。水的重要性及其历史地位，应成为人们认同其价值及强化其城市景观作用的原因。一条有代表性的河道，其重要性完全可以胜过一般的市级街道。而现在的问题是，许多地方河水的静默与永恒反而成了人忽视它的原因。发展中国家的人们不要轻易地被那些花哨把戏所迷惑，进而"迷失了心性"以致豁出生存的血本。实际上最珍贵的东西就在我们身边，它不可能由别人赠送，只能由我们科学合理地设计和运用。

只是靠通过保持水面的清洁和无污染对于建设水面景观来说是无法彻底解决和实现这一理想的。水面的清洁度在城市景观中的作用是不可代替的，同时对于一个景观的创造也是非常重要的。相比于其他的景观建设，它更加能够使人们的生活质量得到提升。而要想提高大众对这一事件严重性的认识，就要对环境设计的根本原因引起重视。目前可实行的保护水面环境的方法之一就是清理海岸线。海岸线的形状是自然地貌特征形成的原因之一，同时也显示了时间的脚步和重建的痕迹。其中有的可临崖俯视，有的则浅滩渐深，有的齐如刀切，有的则参差有致，这是地貌与人文共同作用的结果。

图 1-2-1　水面景观

（二）材料的地方化特征

回看人类古代建筑史，建筑材料的选择对于建筑而言起到了举足轻重的作用，而当地材料是最早使用材料的方式。首先来看天然材料，天然材料囊括了许多种类，其中包含了石头、木材、黄土、竹子、稻草甚至冰。这些大自然赋予人类的材料经过同类材料差异性分类、初步加工，为人类建筑历程的发展打下了坚实的基础，并创造了无限可能。但将地方性材料作为设计中的主要适用范围，其思想的源头要参考现代的建筑思想。钢材、玻璃、混凝土这些没有地方差异的材料是因为全部都是通过人类的冶炼、加工、再创作得到的。通过进行科学的分析，许多源于自然的材料渐渐脱离了其自然的本质，而不同材料在经过不断的改造后，其质感和效果也趋于相同。这样的变化与文明发展对客观的根本认识是矛盾的。而当人们意识到"现代主义"思想为设计带来的弊端时，所谓标准化的设计思维开始被人们所摒弃，而突出个性和人情味的设计理念开始成为新的艺术思想被人们所追捧。相比于传统材料的材质表现并不突出的状态，现代人对材质的需求和认识更加明显了。材料被赋予从文化生态多样性的高度去表现地方生活的职责，并产生了比以往更强的表现力。

在建筑施工中除了充分发挥特定材料的技术性能外，环境设计中使用最多材料的部分是地面铺装。在中国，有许多传统的皇家或私人园林装饰的优秀案例。在苏州园林的地面铺装中，鹅卵石的多种拼装方案带来的艺术魅力是现代设计理念的体现，但将这种方法移植到北方皇家园林会带来材料不是产自当地的问题。因此，对于用地方材料的原则的理性讨论应将实际应用范围逐渐扩大。现代的地方化观念还向设计师提供了一个启发，即人们对材料的认识不应只局限于惯用的、已被前人熟练掌握的种类。许多不为人知却又是地方土产的材料，原本具有极好的使用性能，应成为设计师研究和尝试的对象。对于铺地材料的技术性能要求并不苛刻，何况还有现代技术条件下的水泥、砂浆等辅料手段支持。此外，更新和开发一些新的加工方法，也是使旧料变新以及新材料走向实用化的有效手段。沥青、石子和水泥抹地是最简陋也是最没有特色的设计；而全国都铺一种瓷砖，应视为设计师的无能。现代设计中一个重要的课题是精致严谨的加工，材料加工则列为其中之一。地砖和各种壁面的拼花图形、质感对比，有时并不需要借助于材质变化去实现，同种材料的不同加工效果也是追求质感趣味的办法之一。在许多地方，当地特色的传统加工工艺常常能表现出现代工艺所没有的独特效果。

（三）环境空间的地方化特征

环境的空间构成是一个比较复杂的问题。一个有历史的城市，其建筑群落的组织方式是相对稳定和独特的。现有状态的形成往往取决于下列几种因素：①生活习惯。②具体的地貌条件。尽管在那些相邻的地区，地貌的总体特征相同，但要涉及具体方面，还是存在一些偶发的差异。这种差异可能造成聚落方式的变化。③历史的沿革，即曾经发生于久远年代的变革与文化渗透等。④人均土地占有量。总的来说，我国大中城市人口居住密度比较大。客观地看，我国城市（包括乡镇等小聚居区）真正的现代化发展是在改革开放之后起步的，至今为止我国对于城市面貌的建设从起初的粗糙发展到当下的精致。在发展过程中有些原因是不可控的，如人口过度膨胀，现代化建筑技术手段虽先进但显得单一等因素，导致城市地方化特色的快速丧失。另外，环境文化意识的淡薄，设计者对地方文化所产生的情蕴和对当地环境构成的特征缺乏体验和观察，也是造成一段时间内城市粗放结果的重要原因。

城市整体风格形象不单单是通过建筑的风格样式所体现的。当眼前有一幅鸟瞰的城市立体图时，其中或许展示的是北京的胡同、上海的里弄、苏州的水巷，但人们的生活轨迹事实上都是在建筑之间的空白区域发生的，这些区域大多都是街道、广场、庭院、植被、水面等。如果将这些空白的区域以"负像"的手法进行突出表现，再将不同地方的城市空间构成进行对比，那么城市之间的空间构成差异就会十分明显。现实中比较典型的例子就是北京的胡同，这些胡同大多具有相同的宽度，相比街道要狭窄一些，通常只用于交通，可以通过车马。但一般行进到一定深度时，某一座四合院的外墙就会向后退让许多，同邻院的外墙和斜进的道路形成一块三角形的区域，这一块三角形的区域就成为街坊邻居之间谈论家常的活动场地，鉴于中华民族特有的风土人情和当地习俗，通常还会配有一颗老槐树，同样不能缺少的角色还有树下的石桌、石凳。上海的里弄和北京的胡同的布局具有明显区别，但更具公共性和集体性。弄堂里的街道呈现出鱼骨形的交叉，通常是直角，宽度的变化从城市街道到弄堂到宅前逐渐变窄。与北京的胡同系统相比，上海的住宅和弄堂之间的关系更加紧密。这些道路形式规整，能够提高交通和通信的效率。

可以看出，在不同的地方人们就是那样使用建筑外的环境。前几代的设计师们已经考虑过生活行为的需要，就空间的排布方式、大小尺度、兼容共享和独有专用的喜好上提出了地方化的答案，而后世的人们则视之为当然的模式并习以为常。虽然这些答案并不一定是容纳生活百川的最佳设计方式，但毕竟是经过了生活习惯的选择与认同，在人们的心理上形成了对惯有秩序的亲和。在其后的设计追求中，并不存在什么绝对理想而抽象的最佳方式，新设计所能做的不过是模仿、补充，一切变化应是在保持原有基础上的改良。当然，新的室外空间在传统格局的城市里并非完全不能出现。它通常是随着新功能的引入而产生。例如，在德国一些室外空间设计限定条件是相对自由的一些新兴的、人均用地相对宽松的城市。以宾根到科布伦茨一带的莱茵河谷的设计为例，350km 长的罗曼蒂克大道把几十个小城市串在一起。这里有古朴的建筑、铺着小石板的道路和大片的绿地，加上其特有的古堡、宫殿、葡萄种植园等景观，吸引了众多的游人。城里的古建筑是德国历史的缩影和文化的精华，也是德国人追溯历史的好地方。这种用大道将不同城市内容和形式的特点串起的文化长廊式的综合设计理念，在传统城市中并不存在，因此也可以看作是随着文化的变迁、新功能的需求而产生的更新。

如果城市环境的外部兼具形式和内容这两方面，则建筑的外部空间就是城市的内容，空间的形成不具有随机性、偶然性和无序性。人类社会生活的复杂秩序在其中得到了充分体现，并且成为其形成的根本原因，同时外部因素带来的影响以及其自身的想象都影响着其形成。环境设计师必须能够准确地掌握空间特征并发展、提高自身的分析能力，才能准确地判断出空间特征与人类行为之间的对应关系。这种专业素养是创建和改善环境设计的基础之一。

尽管如此，地方化城市环境的特征通常是针对一些具有深厚历史和人口密集的城市的。在我国许多地方都有定型化的古老城市正处于一个崭新的具有历史意义的改造过程。其主要目的是通过改造城市部分建筑使整体环境和功能满足城市发展需求，但同时要保留城市的原始文化风貌。使城市在发展更迭中有序地延续和创新环境形态。而这些都是目前城市建设中急需解决的问题。

五、环境艺术设计的生态特征

人类社会发展到今天，摆在我们面前的事实是，工业社会在过去的历史中给人类带来了巨大的财富，也从各个方面改变了人们的生活方式。工业化极大地影响了人类赖以生存的自然环境。森林、生物物种、干净的淡水和空气、可耕地等人类赖以生存的基本物质保障急剧减少，气候变暖、能源枯竭、垃圾等环境负面影响迅速蔓延。如果我们继续按照过去的工业发展模式发展，我们的地球将不再是人类的天堂。这种现实问题迫使人类重新认真思考——今后应采取一种什么样的生活方式？是以破坏环境为代价来发展经济，还是注重科技进步，通过提高经济效益来寻求发展。这是环境艺术设计工作者必须对自己所从事的工作进行深层次的思考。

人是自然生态系统的有机组成部分，自然的要素与人有一种内在的和谐感。人不仅具有个人、家庭、社会交往活动的社会属性，更具有亲近阳光、空气、水、绿化等需求的自然属性。自然环境是人类生存环境必不可少的组成部分。然而，人类的主要生存环境，是以建筑群为特点的人工环境。高楼拔地而起，大厦鳞次栉比，从而形成了钢筋混凝土建筑的森林。随着城市建筑向空间的扩张，林立的高楼形成了一道道人工悬崖和峡谷。城市是科学技术进步的结果，是人类文明的产物，但同时也带来了未预料到的后果，即出现了人类文明的异化。人类改造自然建造了城市，同时也把自己驯化成了动物；如同关在围栏和笼子里的马、牛、羊、猪、鸡、鸭等动物一样，把自己也围在人工化的城市围栏里，离自然越来越远，于是，回归自然的理念就成了现代人的梦想。

随着社会的不断发展，人们对环境产生了越来越深的意识后，自然景观在环境中的地位逐渐得到了提升，人们意识到优美的风景和清新的空气不仅提高了工作效率，而且改善了精神生活，使人们感到精神焕发。如果是一座城市中的建筑物，不论是建筑的内部构造，在建筑物外的绿植空间，抑或是私人住宅、公共区域，优雅而丰富的自然景观将对人类产生深远的影响。因此，人们根据其自身的需求，对环境进行基本设计和改造后，高楼大厦的建设逐渐从人们的主要需求中渐渐退场。另外，由于人们正想方设法地将自然界中的植物、水体、山石挪移到经由设计的环境空间中，试图在生存的空间中对自然景观进行再造。如今人们已经尽可能地利用各种手段，目的就是使人们的生存空间无限接近自然的本质。

环境艺术中的自然景观设计要集多种功能于一体，主要有生态功能、心理功能、美学功能和建造功能。生态功能的主要目的是通过对绿色植物和水体的重建，利用其自身净化空气、调节气温湿度、降低环境噪声等功能，一定程度上使生态环境趋于理想。而目前自然景观在环境中产生的心理功能也开始得到人们的重视，人们开始感受到环境中的自然景观可以为人们带来放松的感受，产生回归自然的错觉同时也能够调节人们紧张的情绪。同时，还能激发人们的某些认知心理，使之获得相应的认知快感。至于自然景观的审美功能，早已为人们所熟识，它常常是人们的审美对象，使人获得美的享受与体会；与此同时，自然景观也常用来对环境进行美化和装饰，以提高环境的视觉质量，起到空间的限定和相互联系的作用，发挥它的建造功能，而且这种功能与实体建筑构建相对比，常常显得富有生气、变化、魅力和人情味。

"景观办公室"逐渐开始流行于办公空间的设计。这样的设计理念使原本枯燥、乏味的办公室氛围得到改善，员工们根据交通流线、工作流程、工作关系等对办公家具进行自由组合，室内的绿植使办公室充满了生机和活力，从前沉闷、严肃的办公环境开始被人情味和人文关怀的思想所击退。这样的设计理念使传统办公室格局中体现出来的拘束、陈设僵硬、单调荡然无存，取而代之的是更加轻松、和谐的气氛。"景观办公室"的设计理念一经问世，就驱散了原本充斥着办公室的紧张感和压抑的氛围，人们在办公环境的改善中获得愉悦和舒展，减少了工作中产生的疲惫感，因此工作效率和信息交流也得到了显著的提升，同时也能在一定程度上减轻人们的工作压力。

在室内环境创造中，共享空间可以说是以各种手法去创造室内自然环境的集大成者。其一，共享空间是一种生态的空间，它把光线、绿化等自然要素最大限度地引入室内设计中，为人们提供了室内自然环境，使人们在室内最大限度地接触自然，满足了人们对自然的向往之情。

其二，具有生态学的"时间艺术"特征即环境设计应是一个渐进的过程，每一次的设计，都应该在可能的条件下为下一次或今后的发展留有余地，这也符合"后继者原则"。城市环境空间是城市有机体的一部分，有它的生长、发展、完善的过程。承认和尊重这个过程，并以此来进行规划设计是唯一正确的科学态度。任何一个人居环境都不是"个人作品"，任何一位设计师都只能在"可持续发展"的长河中完成部分任务。即每一个设计师既要展望未来，又要尊重历史，以保证每一个个体与总体在时间和空间上的连续性，在它们之间建立和谐的对话关系。因此，既要从整体上考虑，又要有阶段性分析，在环境的变化中寻求机会，并把环境的变化与居民的生活、感受联系起来，与环境设计的构成联系起来。强调环境设计是一个连续动态的渐进过程，而不是传统的、静态的、激进的改造过程。

其三，我们在建造中所使用的部分材料和设备（如涂料、油漆和空调等），都在不同程度上散发着污染环境的有害物质。这就使现代技术条件下的无公害的、健康型的、绿色建筑材料的开发成为当务之急。环境质量研究表明：用于室内装修的一些装饰材料在施工和使用过程中散发着污染环境的有害气体和物质，诱发各种疾病的产生，影响健康。因此，当绿色建材的开发并逐步取代传统建材而成为市场上的主流时，才能改善环境质量，提高生活品质，给人们提供一个清洁、优雅的环境艺术空间，保证人们健康、安全地生活，使经济效益、社会效益、环境效益达到高度的统一。

综上所述，21世纪的环境艺术设计需要具有生态化的特征，这种生态化具有两方面含义：一是设计师须有环保意识，尽可能多地节约自然资源，减少垃圾制造，并为后续的发展、设计留有余地；二是设计师要尽可能地创造符合生态规则的环境，让人类最大限度地接近自然。这也就是我们常说的"绿色设计"的内涵。

第三节　环境艺术设计的设计原则与构成要素

一、环境设计的原则

环境艺术设计涉及领域较为广泛，不同类型项目的设计手法也有所区别，但就环境艺术的特点和本质而言，其设计应遵循以下原则。

（一）以人为本的原则

人是环境的主体。环境艺术设计是为人们服务的，首先要满足人们对环境的物质功能、心理行为和精神美学的需求。在物质功能层面，环境艺术设计应该为人们提供居住、停留、休息、观看的场所，处理好人工环境与自然环境的关系，处理好功能布局、流线组织、功能与空间匹配等内部功能的关系。在心理和行为层面，环境艺术设计必须从人的心理需求和行为特征出发，合理限定空间区域，满足不同规模人群活动的需求。在精神美学层面，环境艺术设计应充分研究区域自然环境的特点，注重挖掘区域历史文化内涵，把握设计趋势和大众审美倾向。

（二）整体设计原则

整体设计首先是项目的整体设计。无论项目大小，都要从整体出发，从整体环境出发，处理好各种环境因素及其相互关系，注意环境的整体协调统一。其次，学科之间的交叉整合，综合运用环境心理学、人体工程学、生态学、园艺学、结构学、材料学、经济学、施工工艺以及哲学、历史、政治、经济、民俗等多学科知识，同时借鉴绘画、雕塑、音乐等门类的艺术语言。最后是设计团队的合作，建筑师、规划师、艺术家、园艺师、工程师、心理学家等与环境艺术设计师一起完成对环境的改善与创新。这里需要指出的是，当代环境艺术的审美价值已从"形式追随功能"的现代主义转向情理兼容的新人文主义；审美经验也从设计师的"自我意识"转向社会公众的"群众意识"，使用者也成为设计团队中不可或缺的组成部分，设计应重视大众的文化品位对设计方向的引导作用，设计过程中亦应积极引入"公众参与"的机制。

（三）形式美的原则

环境是我们工作、生活、休息、娱乐的活动场所，它以其独特的艺术美给人们带来精神上的愉悦。音节和节奏是音乐的表现形式，而绘画是通过线条来表现形象，而环境艺术的形象则包含在材料和空间中。它有自己的形式美规律，如比例与模数、比例与空间、对称与不对称、色彩与肌理、统一与对比等。这些美学原则成为指导现代环境艺术设计形式美的重要法则。

1. 统一与变化

统一与变化是形式美的主要关系。统一指的是部分与部分之间的和谐关系以及部分与整体之间的和谐关系，详细一点就是指环境艺术设计中造型构成涉及的形状、色彩、肌理等多方面之间相互协调的构成关系。变化指的是环境艺术设计中造型构成的元素之间的差异，例如线条在长短、粗细、直曲、疏密、色彩等方面的变化。而统一与变化长久以来一直保持着一种辩证的关系，两者对立统一，相辅相成。在空间整体造型中，过分的统一容易体现出一种单调乏味的感觉，看起来缺少活力；但若是空间内的变化过多则会展示出一种毫无章法的感觉。因此，在统一与变化这一辩证思想中，统一指的是整体的统一，在统一的原则下局部进行有秩序的变化，才是统一与变化原则的完美体现。

2. 对比和相似

对比是指造型元素相互映衬时，视觉强度的结果所造成的差异因素。对比的使用会为展示给人类的视觉效果带来强烈的冲击感。但是过分地强调对比带来的冲击感会使整体失去协调性。相似则是指建模元素组合时存在的同类因素。相似是为人类带来视觉上的统一，但是如果不进行对比，那么相似带来的统一则会产生一种单调的效果。

在环境艺术设计中，形体、色彩、质感等构成要素之间的差异是设计个性表达的基础，能产生强烈的变化，主要表现在量（多少、大小、长短、宽窄、厚薄）、方向（纵横、高低、左右）、形（曲直、钝锐、线面体）、材料（光滑与粗糙、软硬、轻重、疏密）、色彩（黑白、明暗、冷暖）等方面。相同的造型要素成分多，则空间的相似关系占主导；不同的造型要素成分多，则对比关系占主导。相似关系占主导时，形体、色彩、质感等方面产生的微小差异称为微差。当微差积累到一定程度后，相似关系便转化为对比关系。

在环境设计领域，无论是整体还是局部、个体还是群体、内部空间还是外部空间，要想达到形式的完美统一，都不能脱离对比与相似手法的运用。

3. 均衡与稳定

自古以来，人们就崇拜重力，并在生活实践中逐渐形成一套与重力相关的美学观念，即所谓的平衡与稳定。在自然现象中，人们发现一切事物都有一定的条件来保持平衡和稳定，就像树木一样：树根粗，树梢细，底部厚，顶部薄；或者像一个人的形象，左右对称等。实践证明，所有符合这一原则的模型不仅在结构上牢固，而且在视觉上也相对舒适。

均衡是部分与部分或整体之间所取得的视觉力的平衡，有对称和不对称两种形式。前者是简单的、静态的；后者则随着构成因素的增多而变得复杂，具有动态感对称的均衡是最规整的构成形式，对称本身就存在着明显的秩序性，通过对称达到统一是常用的手法。对称具有规整、庄严、宁静、单纯等特点。但过分强调对称会产生呆板、压抑、牵强、造作的感觉。

对称有三种常见的构成形式：①以一根轴为对称轴，两侧左右对称的称为轴对称，多用于形体的立面处理上；②以多根轴及其交点为对称的称为中心轴对称；③旋转一定角度后的对称称为旋转对称，其中旋转180°的对称为反对称。这些对称形式都是平面构图和设计中常用的基本形式，古今中外有很多的著名建筑都是通过对称的形式来获得其均衡与稳定的审美追求及严谨工整的环境氛围。不对称的均衡没有明显的对称轴和对称中心，但具有相对稳定的构图重心。不对称平衡形式自由、多样，构图活泼，富于变化，具有动态感。对称平衡较工整，不对称平衡较自然。在我国古典园林中，建筑、山体和植物的布置大多都采用不对称的均衡方式布置的设计方法。而今，随着环境艺术空间功能日趋综合化和复杂化，不对称的均衡法则在环境艺术中的运用也更加普遍起来。

4. 比例与尺度

比例本身具有"比较""比率"的意思。在画面的构成中，比例是将构图中部分与部分之间或部分与整体之间产生连接的重要手段。而比例在环境艺术设计中的运用，则是指整体的部分与整体之间的尺度关系以及体量的数量关系。在自然界或人工环境中，通常具有良好功能的物体都是源于其本身的比例关系处理得当，如人体、动物、树木、机械和建筑物等；而形体在比例上的区别也是其产生不同形态感情的原因之一。

（1）黄金分割比。

黄金比又称黄金分割率，即分割线段为长短两部分，使长的部分与短的部分之比等于整长度与较长部分之比，其比值约为0.618。在古希腊，就有人发现了黄金比，他们认为这是最佳的比例关系。其两边之比为黄金比的矩形称为黄金比矩形，它被认为是自古以来最均衡优美的矩形。如果把这种比例关系应用于设计中去，就能产生出一种美的形式。

（2）整数比。

线段之间的比例为2：3、3：4、5：8等整数比例之比称为整数比。由整数比2：3、3：4和5：8等构成的矩形具有匀称感、静态感，而由数列组成的复比例2：3、5：8：13等构成的平面具有秩序感、动态感。现代设计注重明快、单纯，因而整数比的应用较广泛。

（3）平方根矩形。

平方根矩形自古希腊以来一直是设计中重要的比例构成因素。

（4）勒·柯布西耶模数体系。

勒·柯布西耶的模数体系是以人体基本尺度为标准建立起来的，它由整数比、黄金比和斐波那契级数组成。柯布西耶进行这一研究的目的就是为了更好地理解人体尺度，为建立有秩序的、舒适的设计环境提供一定的理论依据，这对建筑及环境艺术的设计都很有参考价值。

在环境艺术设计中所设计的形象，其占面积的大小、空间分割的关系、色彩面积比例等都需要我们用这种理性的思维去做合理的安排。

尺度是指人与它物之间所形成的大小关系，由此而形成的一种大小感及设计中的尺度原理也与比例有关系。比例与尺度都是用于处理物件的相对尺寸。如果说有所不同，那么比例是指一个组合构图中各个部分之间的关系，而尺度则指相对于某些已知标准或公认的常量对物体的大小。

任何一个空间都应根据它的使用功能及相应的环境氛围来确立自己的尺度。而环境艺术尺度感的建立，则离不开一个可以参照的标准单位，那就是"人体尺度"——环境艺术的真正尺度。通过人体尺度来设计整体尺寸，使人获得对环境艺术整体尺度的感受，或高大雄伟，或亲切宜人。

5. 质感和肌理

质感指的是人对于不同材料的质地的感受。材料在手感、光感以及加工的难易程度等都是调动人们在视觉、触觉等知觉活动在运动、体力等诸多方面的感受的综合过程。这种感知过程对于引起人们对物质材料的纤弱、坚韧、温柔、光明的心理反应是具有直接性的。只有正确地认识和选择各种物质材料的物理特征、加工特征以及形态特征，才能够提高环境艺术设计的整体效果。

环境艺术的肌理主要具有两方面的意义。一方面说的是材料本身具有的自然纹理以及经过人工的加工得到的工艺肌理，这两种肌理的产生方式都是为了增加质感带来的装饰美的效果。在了解肌理的过程中，我们首先可以把"肌"看作是原始材料的质地，将"理"看作是纹理起伏变化的规律。当一张白纸能够折出不同的起伏状态时，当花岗岩的表面经过打磨可以得到镜面或者磨砂表面的效果时，事实上都是其肌理发生了变化，在进行这些改造的时候，虽然其材质并没有发生变化，但是肌理展示出来的形态却发生了明显的改变。由此可知，在环境设计的过程中，我们更应该强调对肌理的设计或者选择。

而肌理同时具备的另一层含义则是指在构成整体环境的各元素之间产生的具有韵律感和协调性的图案效果，例如老北京的四合院群在城市街区之间呈现出的大范围的肌理效果。而我们可以理解为，肌理的形成可以是材料、植物等许多自然中产生的元素，同时也可以是由建筑物本身集中表现后构成的。

6. 韵律与节奏

韵律与节奏是由构图中某些要素有规律地连续重复产生的，属于音乐中的术语，后被引申到造型设计中来，用以表达条理性、重复性等美的形式。韵律运用于环境艺术设计，主要体现在空间与时间关系中环境艺术构成要素的重复。如园林中的廊柱，粉墙上的连续漏窗，道路边等距栽植的树木都具有韵律节奏感。重复是获得节奏的重要手段，简单的重复显得单纯、平稳；复杂的、多层面的重复中各种节奏交织在一起，能使构图丰富产生起伏、动感的效果，但应注意使各种节奏统一于整体节奏之中。

（1）简单韵律。简单韵律是由一种要素按一种或几种方式重复而产生的连续构图。简单韵律使用过多易使整个气氛单调乏味，有时可在简单重复基础上寻找一些变化，例如：我国古典园林中墙面的开窗就是将形状不同、大小相似的空花窗等距排列，或将不同形式的花格拼成形状和大小均相同的漏花窗按等距排列。

（2）渐变韵律。渐变韵律是由连续重复的因素按一定规律有秩序地变化形成的，如长度或宽度逐次增减，或角度有规律地变化。

（3）交错韵律。交错韵律是一种或几种要素的相互交织、穿插所形成的表现形式。

在环境艺术中，韵律不仅可以通过元素重复、渐变等表现形式体现在立面构图、装饰和室内细节处理等方面，还可以通过空间的大小、宽窄、纵横、高低等变化体现在空间序列中。例如，中国古典园林中将观赏景物的空间，设置于亭、廊等构图制高点的中心地带，形成优美的静观景物画面，使得此处往往成为游人最多、逗留最久之处；在动态观赏的空间组织中，则从构图的边界和景色的更替入手，使游人步移景异，给过往的人群，通过对暗含其中的韵律美的设计，不仅能形成一种愉快和连续的趣味感受，而且也使人们对于结尾要出现的意外收获充满期待。

韵律美在建筑环境中的体现极为广泛，从东方到西方，从古代到现代，我们都能找到富有韵律美和节奏感的建筑。

（四）可持续发展原则

环境艺术设计要遵循可持续发展的要求，不仅不可违背生态要求，还要提倡绿色设计来改善生态环境；另外，将生态观念应用到设计中，掌握好各种材料特性及技术特点，根据项目的具体情况选择合适的材料，尽可能做到就地取材，节能环保；充分利用环保技术使环境成为一个可以进行"新陈代谢"的有机体。此外，环境艺术设计还应具有一定的灵活性和适应性，为将来留下可更改和发展的余地。

（五）创新性原则

环境艺术设计除了要遵循上述设计原则以外，还应当努力创新，打破大江南北千篇一律的局面；深入挖掘不同环境的文化内涵和特点，尝试新的设计语言和表现形式，充分展现出艺术的地域性形成的个性化的艺术特征。

二、室内外环境设计的构成要素

置身于任何一个建筑环境中，人们都会很自然地注意到环境的各种构成要素，比如空间、形态、材质等。在建筑环境中，正是通过这些要素不同的表现形态和构成方式使人们获得了丰富多彩的生存环境。这些环境要素作用于人们的感官，使人们能够感知它、认识它，并通过其表现形式，掌握环境的内涵，发现环境的特征和规律，使人更舒适惬意地在环境中生活。然而，单纯的要素集合并不足以形成舒适的环境，只有当它们之间以一定的规律结合成一个有机的整体时，环境才能真正地发挥其作用。而面对诸多的环境要素，设计人员不能因此而迷失方向，需掌握每一要素自身具备的特征，并熟悉其构成的规律，才能在各类环境的艺术设计中达到游刃有余的境地。

（一）空间

所谓空间，可以理解为人们生存的范围。大到整个宇宙，小至一间居室，都是人们可以通过感知和推测得到的。环境的空间分为建筑室外空间和建筑室内空间。作为环境质量和景观特色再现的空间环境，总是在不断发展变化着和始终处于不断的新旧交替之中；并且，随着技术、经济条件、社会文化的发展及价值观念的变化，还在不断产生出新的具有环境整体美、群体精神价值美和文化艺术内涵美的空间环境。但值得注意的是，随着材料和技术日新月异的发展，使人们对环境空间的多样化需求成为可能，表现在对室内空间与室外空间的概念的界定方面在有些情况下变得相当模糊。例如，现代建筑中大量采用大面积的幕墙玻璃或点阵玻璃作为室内空间一个面或几个面的立面围合，虽然从物理的角度而言，这种空间的围合仍然完整，但因为玻璃的通透性质，使人们对这种围合空间的心理感受游离于"有"与"无"之间，从而使室内与室外变得更为融通；再如，中厅或共享空间的透光顶棚，将蓝天和阳光引入室内，也能大大满足人们在室内感受自然的心理需求。更有一些现代主义设计者强调运用构成的形式，从而形成多种不确定的界面围合，介于室内空间与室外空间之间的中介空间。这种多元化空间变化的出现满足了多层次人的使用需求。

（二）材质

材质指材料本身表面的物理属性，即色彩、光泽、结构、纹理和质地，是色和光呈现的基体，也是环境艺术设计中不可缺少的主要元素。不同质感的材料给人不同的触感、联想和审美情趣。材料美与材料本身的结构、表面状态有关。例如，金属、玻璃、材料，它们质地紧密、表面光滑，有寒冷的感觉；木材、织物则明显是纤维结构，质地较疏松，导热性能低，有温暖的感觉；水磨石按石子、水泥的颜色和石子大小的配比不同，可形成各种花纹、色彩；粗糙的材料如砖、毛石、卵石等具有天然而淳朴的表现力。总之，不同种类与性质的材料呈现不同的材质美。设计者往往将材料的材质特点与设计理念相结合，来表达一定的主题。例如，清水砖、木材等可以传达自然、古朴的设计意向；玻璃、钢材、铝材可以体现高科技的时代特征；裸露的混凝土以及未经修饰的石材给人粗犷、质朴的感受，追求自然淳朴的材质美也是现代设计美学特点之一。可以说每种材质都具有与众不同的表情，而且同样的材质由于施工工艺的不同，所产生的艺术效果也都不一样。熟练地掌握材料的性能、加工技术，合理有效地使用材料的特点，充分发挥材料的材质特色，便可创造出理想的视觉和艺术效果。

（三）形态

形态指事物在一定条件下的表现形式。环境中的形态具有具体外形与内在结构共同显示出来的综合特性。环境设计的创意首先体现在形态上，大致可分为自然形态和几何形态两种形式。自然界中经过时间检验、岁月洗刷呈现于我们眼前的万物，是设计师们取之不尽的设计源泉。从自然界中汲取灵感的仿生设计对现代设计产生了重要的影响。建筑师们曾模拟贝壳结构、蜂窝形态设计出了大量优秀而新奇的作品。例如，建筑大师高迪的设计思想就是源于对大自然和有机世界的认识和借鉴，他的作品形态新颖、生动多变，并且富有极强的生命力。公共环境中采用自然形态造型的设计随处可见。几何形态如方体、球体、锥体等都有着简洁的美学特征，基本几何体经过加减、叠加、组合，可以创造出形式丰富的几何形态。现代主义、解构主义设计流派的许多优秀作品便是几何形态的生动演绎。此外，还有很多颇有意趣的环境设计形态取材于社会生活中的事物或事件，它们通常运用夸张、联想、借喻等手法的处理，更多地表现了地域文化及习俗，其多元化、注重装饰以及娱乐性的特征，颇有后现代主义的风格。环境设计通过其形态特征可以对人们心理产生影响，使人们产生诸如愉悦、惬意、含蓄、夸张、轻松等不同的心理情绪。正因如此，从某种意义上而言，环境形态设计的成败即在于能否引起人们的注意力，并使人参与到空间环境中来。

第四节 现代环境艺术设计的发展趋势

一、向自然回归

人类与环境的关系可以分为四个阶段。第一阶段是恐惧和被动做接受，把自然当作天敌，盲目地利用自己有限的条件进行抵抗；第二阶段是有限的适应和使用，以及选择有利的自然条件，以创造一个满足不同内部和外部活动需要的环境；第三阶段是侵略和征服，自然对短期暂时利益的无限需求，忽视了自然条件的合理利用，自然环境被无情地吞噬和破坏；第四阶段是负责任地使用，在总结了第三阶段人类带给环境的不良影响后，我们便开始重视环境因素对其进行保护，并与自然和谐相处。此举对室内外环境艺术的设计也产生了深远的影响，现代环境设计观念的发展趋势之一就是向自然回归。

唐代诗人李白的"小时不识月，呼作白玉盘。又疑瑶台镜，飞在青云端"的诗句描述了人对自然的认识，也是记录了人们从"触景生情"到"寄情于景"再到"以景托情"最终到"以情绘景"的过程。目前，采用以"征服自然"的思想来建设环境的例子不胜枚举，如何向自然回归，负责有效地利用自然条件的理论和方法还处于探索阶段。北京十三陵的设计则是一个值得我们学习的古老而宏伟的实例，它借助外部环境本身所具有独特而有感染力的空间形态这一自然环境条件的设计思想，是一个运用自然的环境回归自然的非常有效的方法。甬道端头的十字拱亭位于半圆山脉的中央，与山脚下的十三座碑亭共同形成了一个群山环抱的弧形空间，形成了一个气势恢宏的纪念性环境。

环境艺术设计遵循亲近自然与回归自然的原则。例如，在社区环境中，强调原生态环境与社区生活活动的融合，用核心绿地、庭院绿地、小尺度的步行广场同核心景观带、步行道一起构成环境中的绿色景观走廊，将整体的、邻里交往的空间与自然流动的建筑、景观空间相融合。

总之，在室内外环境的创作中要更多地利用自然条件，以减少对环境原貌的破坏，并促进环境中植物与动物的生存发展，使室内外环境成为一个更有利于人类健康发展的生存环境。

二、向历史回归

由纪念性活动所催生的人类精神与文化，一直是环境艺术设计发展的动力之一。在全球经济一体化的同时，城市的历史、文化的本位，特别是发展中国家的本土文化不可避免地受到冲击。地区间差距缩小的同时，也带来了城市间环境的相似。而这种文化的国际化带来的环境趋同现象的产生，忽略并抹杀了地区的差异性和历史文化的多元性，这与整个世界发展多元化的要求是背道而驰的。

随着人们环境意识的提高和环境设计学科的兴起，我们应更加关注人居环境的精神内涵和历史文化气质，应更加关注城市环境文化上的构成形式与精神及行为之间的关系等问题。无论什么时代的城市都不能脱离其历史背景而存在，环境艺术的发展也不能以破坏原有城市底蕴和城市肌理为前提。由此，在对历史文化失落的反思中，各国纷纷对本民族历史文化重新认识、定位。随着经济的发展，向历史回归、对本地文化历史的自我肯定将是未来的趋势，因此环境必然发展成为"人性"的环境。恢复历史、建立人类环境文化的整体意识，以价值精神、哲学伦理为根本去创造环境，才能达到人类精神的复兴。

在现代社会，切实保护与合理利用历史文化遗产是许多国家文化发展的方向之一。在历史发展过程中形成的环境——包括建筑小品、街巷以至自然环境风貌，都是地方传统文化的载体，正是这些载体成为使人们联系在一起的重要精神纽带。其本身就是极具价值的环境艺术资源。它们的存在对于提升人类的环境品质与文化内涵具有不可取代的作用，随着社会文明的发展，许多历史建筑和环境被规定为受到政府保护的文物，联合国教科文组织更以"公约"的形式，确立起了世界性的人类文化与自然遗产保护条例。

综上所述，"向历史的回归"在环境艺术设计的过程中主要体现在以下三个方面：一是设计中对历史文化精神、设计思想的继承；二是历史文化及设计元素在设计中的回归；三是在设计中对历史环境正确的保护及修缮。

三、向现代科技结合人的深层次的情感需求发展

从微观角度而言，每一个环境的构成都离不开特定经济技术条件所提供的物质保证。如构成环境界面的材料。环境之中的各类装饰和设施无不留下了当时科学技术的印迹。例如，霍莱因在慕尼黑奥林匹克村小游园的设计中，创造了一个带空调、照明、音乐、电视等各种服务的广场，体现了运用当代科学技术在创造全新的室外环境模式方面的追求。

从建筑小品、室内设计及室外环境设计的发展历程来看，新的风格与潮流的兴起，总是和社会生产力的发展水平相适应的。社会生活和科学技术的进步，人们价值观和审美观的转变，都促进了新型材料、结构技术、施工工艺等在空间环境中的运用。环境艺术设计的科学性，除了物质及设计观念上的要求外，还体现在设计方法和表现手段等方面。

环境艺术设计需要借助科学技术的手段，来达到艺术审美的目标。因此，科学技术将为更多的设计师所运用，它说明了环境艺术设计科技系统渗透着丰富的人文内涵，具有浓厚的人性化色彩。自然科学的人性化，是为了消除工业化、信息化时代科学对人的异化、对情感淡忘的负面作用。如今自然科学、环保等许多现代前沿学科已进入环境艺术设计领域，而设计师业务手段的计算机化，以及美学本身的科学走向、设计过程中的公众参与及以人为本的设计理念，又拓展了环境设计的科学技术天地。

第二章　环境艺术设计的生态性分析

　　进入 20 世纪，科学技术与社会生产力的大幅提高加速了生态环境的恶化，呼吁全球生态环境保护的呼声愈发高涨。尽管科技与生产力的发展给人们带来了巨大的财富，但进行大量财富积累的代价是对地球有限资源与能源的无尽消耗，最终导致全球生态环境的恶化。当前，全球生态环境的形势堪忧。呼吁对生态环境进行可持续发展已经大势所趋，并且已经深入人们的意识、规范与行为当中。生态环境设计研究已经开始向如何在环境与发展之间取得平衡以及与自然和谐共处等领域扩展。本章将从环境艺术设计的生态性入手，具体论述环境艺术设计生态性的基本内涵与原则、环境艺术设计生态性的技术支持、公共环境设计的生态化分析以及室内环境设计的生态化分析等内容。

第一节　环境艺术设计生态性的基本内涵与原则

　　生态环境艺术设计的基本内涵是人与自然和谐共处。这种和谐主要建立在人类对自然的尊重与敬畏之上，提倡人与自然的整体和谐，反对人为对生态环境进行破坏，倡导合作精神。生态环境艺术使科学与人性两个原本并无任何关联的学科进行有机结合，减少了衍生于现代社会的工业文明对人们的精神伤害，同样也缩短了人与人之间的距离，二者结合所产生的化学效应促进了人们幸福感的提升。

一、生态性环境艺术设计的基本内涵

（一）生态性环境艺术设计概念

1. 环境艺术设计的概念

所谓环境艺术设计并不是一个单独的概念，它是环境、艺术和设计的结合，三者相互结合但又相对独立。要进行环境艺术设计，必须将三者有机地结合起来。首先，就环境而言，环境不仅指空气、动植物、水等客观因素，还包括原则、概念、规范等主观因素。这是一个巨大的范畴，每个人都无法逃避。其次，艺术没有一个标准的概念，可以理解为从自然出发，实现人与自然的和谐共处，可以称之为艺术。最后，设计是指在一定的环境条件下，利用环境承载力、光学、力学等因素对周围环境进行设计和开发。

2. 生态理念与生态设计的概念

环境艺术设计中的生态概念主要是指人类与外部环境以其效率、多样性、连续性和循环利用等基本特征和谐共存的状态。环境艺术设计的前提是确保人类有良好的生活质量，并确保随之而来的各种功能有效、正常地发挥效用，达到资源循环利用的最终目的。如何正确遵循生态理念的指导是环境艺术设计的重要步骤。

生态设计，也被称为环境设计、绿色设计或生命周期设计。主要是指以本地化、自然化、节约化等原则为基本指导原则，对生态环境进行合理规划，保证社会发展的同时降低对生态环境的危害，从而实现生态环境的有机循环与可持续性发展。实现生态设计，主要遵循以下两个方面。

（1）环境艺术的设计要以为人类服务为设计核心，主要目的是通过环境设计来达到人民精神与物质质量的提升。在具体实践的过程中，要对设计与自然进行自然融合，寻求二者可以共通的融合点，做到既可以满足人们的生活需求又能够最大程度降低对环境的危害。

（2）在设计过程中要注意设计的整体性，环境艺术设计并不是刻板的设计工程，应将其放置于大背景下进行严格的考量。

（二）环境艺术设计生态性发展的必然趋势

1. 艺术趋势

艺术主要源于生活，而这种生活则是指人与自然和谐共处、最原始也最本真的生活。生态性艺术设计能够以最大程度来展现，甚至还原生活的真实面貌，这也是环境艺术设计的最终审美追求。

2. 情感趋势

科技的高速发展为人们的生活带来了极大的便利，带领人们进入了快节奏的社会生活，但同时也为人们带来了巨大的社会压力。在城市间生活的工人的压力也逐渐增大。这些压力需要适当得到释放，否则会对人的身体与心理造成一定的负面影响。大部分人都希望在工作压力大的时候有足够的空间和环境来纾解压力，以此来缓解高度紧张的情绪。于是，生态型环境艺术设计应运而生。生态环境艺术设计以其具有的人性化特征，使人们得以在舒适的环境中感受人与自然相融合的宁静与美好，宣泄心中的负面情绪，因此，生态环境艺术设计的发展是大势所趋。

3. 社会趋势

人与自然和谐共处既是和谐社会发展的必要条件，同时也是人类社会可持续发展的必要条件。人与自然的有机融合是环境艺术设计所追求的最终目标。而如今，城市已经转变为一个充满钢筋混凝土的钢铁世界，社会的高速发展推动了我们生活方式的转变，人类的行为方式也因此转变为以保护生态环境为主要导向。生态环境艺术设计顺应社会发展大潮，符合人与自然和谐发展的社会要求。

（三）环境艺术设计中生态理念的基本特性

1. 环境艺术设计分为外部环境设计和空间环境设计两个部分

在进行外部环境艺术设计的过程中，将外部环境与人们的日常生活进行有机结合，力求使生态环境最大程度得到保护，并能够满足人们的日常生活需求。在进行空间环境设计的过程中，生态环境设计的主要目的是为人们提供一个舒适安宁的生活环境，且具备完整的基础设施以及充足的物质资源。

2. 生态性环境艺术设计主要有多样、持续、高效和可循环的特性

产品设计的多样性是生态环境艺术设计多样性的重要体现，面对不同消费者人群的不同需求，生产出具有针对性的设计产品以供消费者选择；生态环境艺术设计的连续性主要反映在设计布局与使用材料上面，这些使用过的材料可以满足人们的长期使用；生态环境艺术设计的效率主要体现在合理利用资源、最大限度地利用可再生资源、最大限度地利用不可再生资源、减少浪费；生态环境艺术设计的再循环主要反映在废旧材料的回收上面，这些材料可以经过物理或化学方法处理进行循环利用，达到资源可持续发展的效果。

(四) 生态性环境艺术设计的策略

1. 社会性设计策略

环境艺术设计的社会性设计策略是指设计师在整个设计过程中减弱产品的艺术性，完全根据社会生态的本质来设计作品。目前的环境状况不予乐观，出于对生态环境的考虑，设计师需要从当前水平的生活方式和文化模式的创建工作中满足人的实际需求，而不是简单地把环境作为一个受害者。在现代社会中，有一部分设计者一心寻求艺术效果而对生态环境置之不理，尽管最终作品具有完美的艺术效果，但却对生态环境造成了不可逆的危害与影响。设计者对自己的设计作品尽善尽美，要求具有极高的艺术性可以理解，但罔顾生态环境健康、盲目追求艺术的行为是不可取的，同时也不符合生态环境可持续发展的要求。如今，人们更寻求一种平衡于人与自然之间的艺术形式，这种追求和谐共生的艺术形式既可以达成设计者的设计目标，又在最大程度上促进了生态环境的保护。假若设计师能够将设计与生态环境进行结合，那么二者相融合的设计作品相比于以危害环境为前提的设计将会更加打动人心。现在有些企业与广播电台为了追求宣传效果，利用大量的彩色灯光进行展示以吸引消费者的注意力，但这一行为却造成了电力资源的极大浪费。

2. 安全性设计策略

生态环境艺术设计的安全性设计策略需要设计师同时兼顾人与自然的安全。为了维护人类的生命安全，环境艺术设计在满足人类需求的前提

下，应进一步提升人们的生活质量。所以在规划设计过程中，首先要考虑人的安全。在设计中如有安全漏洞的存在，将会直接威胁人的安全，这就造成工作上的失误，不能称为合格的工作。比如，在进行喷泉等水景设计时，应将人的安全首先纳入考虑范围之中。喷泉景观旁应设置护栏或警示板，避免儿童因过度玩耍而落水。同时要注意喷泉等景观的深度不宜过深，防止有人不慎落水被淹。在自然安全方面，设计师在进行规划时应充分考虑到周围环境的造型设计，同时要兼顾适合周围环境建筑材料的挑选。造型方面要与环境相融合，以安全、牢固为前提；选择材料以便于回收、易于拆卸为主。譬如，社区项目的设计。由于空间的限制，一些景观设计叠加在停车场上，很容易威胁到在现场玩耍的小朋友的安全。还有一些安全风险在项目的具体情况下没有考虑到。设计师不仅要对设计负责，还要对观众的安全负责，因此在设计作品时必须考虑工作安全。

3. 舒适性设计策略

环境设计主要以为人类创造舒适环境为出发点，用以满足人们的必要生活需求。优质的环境艺术设计在材料设计与照明等方面的质量要高于日常生活质量；在精神需求方面，可以放松人们的情感，欣赏文化，丰富人们的审美。大量生态村的建立就是很好的例子。比如，位于苏格兰最北端的城市芬德霍恩生态村，其最初的设计目的是保护自然环境并与舒适生活相融合。设计者在规划住宅设计时，大量使用玻璃材质的材料，力求屋内得到充足的光照，并在屋顶放置太阳能发电装置，充分利用自然能源。在房屋的建筑材料上使用的是安全无毒的材料。在屋顶和墙壁上采取加厚处理的方式，这样在夏天由于室内可以储存冷气而不至于过度使用空调，在冬季保暖的同时又可以节约煤炭等资源。同时还建立了风力发电的装置，在设计上不仅满足人们的艺术追求而且最大限度地满足对资源的利用。在这样的环境中居住不仅能够满足人们对生活舒适度的要求，还能最大程度地保护环境，将社会建设与环境保护融合起来。自 20 世纪初以来，随着技术的进步和社会生产力的提高，人类创造了越来越多的财富。然而，财富的创造以环境为代价，导致生态环境的恶化，资源短缺成为阻碍社会发展的一个重要障碍。保护环境，实现人与自然的和谐发展成为人们的呼声，在这样的社会环境条件下，生态环境艺术设计的概念引起了人们的广泛关注。这对设计师提出了更多的要求，不仅要追求艺术，还要在设计中体现生态。培养与生态环境相适应的美学，将环境与艺术相结合，实现对自然的保护，同时满足人们对舒适生活的要求。

（五）生态性环境艺术设计的价值

生态环境艺术设计对人与自然的整体和谐进行了强调，在这种和谐精神的基础上，构建理想的合作精神，以满足人们的需求和环境的长期共存。在这种合作精神指导下，原来分散的科学和人性的整合，缩短人与人之间的距离。同时，由于人们普遍增强了环保意识，环境艺术设计也越来越关注生态理念的强化。这种关注的结果对于协调人与自然的关系和尊重可持续发展的概念的现实意义是十分突出的。特别由于生态环境艺术设计强调了相关工作对人类健康的正面影响，从而积极推动区域化的环境改造新模式，如尽最大可能达到水循环利用，保证太阳能等生态化的能源得到大范围实施等，都是此种思维意识下的必然产物。另外，环境艺术的内涵其实是比较宽广的，无论是建筑内部设计，还是建筑外部环境规划，以及在特定条件下给予人们舒适的空间场所，都离不开环境艺术设计的身影，可以说它是以保护生态环境为前提、以符合美术规律为基础的综合化空间表现艺术。对于人类而言，精神和物质生活并不完全统一，存在着多样化发展态势，而环境艺术设计则要以自身的客观性尽可能满足不同阶层人们的需求，因此其复杂程度是相当高的。

二、生态性环境艺术设计的原则

环境艺术的生态设计是一个动态的过程，它以人与自然的和谐发展为基础，保持人与物的长期共存。因此，生态艺术设计必须遵循的原则有以下五个。

（一）整体性原则

从本质上说，环境是一个整体的大画面。这就要求在设计过程中，从整体出发，兼顾人与自然的一切，从而构成一个有机的系统。小的利益应该与大的利益相辅相成。短期思维必须为长期思维服务，而长期思维是将环境作为一个整体进行考虑。只有这样，一加一才能大于二。在设计过程中，生态环境艺术的所有重要元素，包括自然、生物和文化，都得到了很好的协调。合理布置施工，优化内部结构，通过整体设计原则达到良好的生态状态。

（二）人本性原则

人是环境艺术中的主体，所以生态性环境艺术设计的基本思想就应该是"以人为本"，满足人类的精神和物质需求，优化人类的居住环境。同时，也要注意人类对自然施加的压力，要将这个压力控制在一定的范围内，尽量避免对自然的过分施压，超出自然的承受能力。在进行环境艺术设计时，尽量多地给社会带来经济利益，既能够满足人们对美的追求心理，舒适美观，又具有一定的生态性，不给自然带来生态压力。人类和自然在很多方面存在一些冲突，所以，生态性环境艺术设计要避免这些冲突，为二者找到融合点，并期望达到我国传统文化中所讲到的"天人合一"的最高境界。

（三）地方性原则

环境艺术设计首先要考虑的是要符合当地的特点。例如，热带水果不能在中国大部分地区种植。生态环境艺术设计为了更好地说明其生态性，所以本土化原则尤为重要。这就要求设计师对当地特色有更深入的了解和观察，并根据实际的生活经验进行设计和创作。尤其是在中国的大部分地区，环境艺术受到中国传统文化的影响，比如风水。此外，从科学角度来看，环境艺术设计还需要考虑当地的水文、气候、景观等自然地理因素，政治、经济等方面因素。尊重当地传统文化和地方风格，并从当地风格和时尚气质作品的创作中获得灵感。然而，随着时代的变迁和社会的发展，作为一种生态环境艺术设计，不应固守其所处的传统格局，而应根据实际情况做出准确的设计方向判断。

（四）拟人性原则

在我们强调人本性原则的同时，要将我们所处的"环境"也看作"人"，当我们从这个角度来思考时才可能实现真正意义上的生态性环境艺术设计。

（五）科学性与艺术性相融合的原则

随着人们审美水平的提高，生态环境艺术设计应充分利用现代高科技产品，而不是过分追求高技术要求，而是注重生态科学与艺术的结合。在某些情况下，这两者可能有一些偏见，但它们不能分开，只有两者的长期结合才是一件优秀的环境艺术设计作品。

第二节　环境艺术设计生态性的技术支持

一、生态性环境艺术设计中的技术分析

为了减少环境负荷、减少资源消耗，创造舒适、健康、高效的室内外环境是生态建筑的核心理念。节约土地、节能、节水、节约资源和废物处理是生态建设的技术内容。在工程实施过程中，生态建筑涉及的技术体系则更为庞大，包括能源系统新能源与可再生能源的利用、水环境系统、声环境系统、光环境系统、热环境系统、绿化系统、废弃物管理与处置系统、绿色建材系统等在生态建筑的研究、发展和应用方面，欧洲特别是德国走在世界前列。目前国外广泛应用的生态建筑技术主要有能量活性建筑基础系统、楼板辐射采暖制冷系统、置换式新风系统、呼吸式双层幕墙系统、智能外遮阳系统、双层架空地面系统、智能采光照明系统、高效太阳能光伏发电系统、高效防噪声系统，以及排水集成控制与水循环再生系统等。下面重点说一下置换式新风系统、能量活性建筑基础系统、双层架空地面系统、呼吸式双层幕墙系统这四种技术。

（一）置换式新风系统

建筑空调系统需要完成此方面的功能，即调节室内温度制冷、供暖、提供过滤除尘的新鲜空气、调节室内空气温度、空气流通速度，避免噪声等。目前新一代空调系统的特点是采暖制冷系统与通风新风系统分离制

冷，用相对较高的水温（16~20℃），供暖用相对较低的水温（25~40℃）。标准办公室设计荷载较低，即办公室采用置换式新风系统，全部送新风，放弃交叉混合回风系统，分散灵活布置的空调系统与使用功能相配合满足办公室个性化需求，可根据需要调节室内温度、新风量等指标。

（二）能量活性建筑基础系统

能量活性建筑基础这项技术的基本原理就是在建筑基础设施的过程中将塑料管埋入地下，形成闭式循环系统，用水作为载体，夏季将建筑物中的热量转移到土壤中，冬季从土壤中提取能量。这项技术于年初诞生于欧洲，初期多用于居住建筑，今天更多地用于大型公共建筑以及商业和工业建筑。其突出优点是不需要专门钻井就可以获取地热地冷资源，投资相对较少，经济效益明显。根据建筑基础土质情况和建筑基础工程的要求，可采用与基础形势相配合的技术，如能量活性基础桩、基础墙与基础板。这一系统若是采用与其相配套的直接制冷技术，则经济效益更好，消耗电量可以输送冷量到建筑物中。经过几十年的发展，这项技术已基本成熟。

（三）双层架空地面系统

双层架空地面是现代办公建筑的标准配置，也是随着现代化通信以及空调技术发展应运而生的一种建筑技术体系。世界上最早使用双层架空地面敷设通信电缆的建筑是1877年柏林德国邮电大厦。现代建筑中双层架空地面，通常高度在80~300mm，里面可以布置所有现代化办公空间所需要的通信和电缆设备。地面通常由模数600mm×600mm的板块构成，敷设完毕后可随时打开进行检修或增补电缆。室内家具布置发生变化时，可以灵活地重新布置电线、通信线路的接口，适应性非常好。

近年来，随着更换新鲜空气系统变得越来越常见，送风管道也安排在双层开销，可与混凝土楼板制冷系统匹配拯救吊顶，大大减少了建筑楼层高度，从而节约成本。现代双层架空地面的表面材料可以是石材、木地板、地毯或合成地面。承载板是由薄钢板或钢框架支撑的高密度复合板。支撑腿大多为可调钢螺栓。支撑腿通过铆钉或粘接与地面固定。虽然目前双层架空地板的造价相对较高，但深受用户欢迎，是高档书套地板结构的发展方向。

（四）呼吸式双层幕墙系统

通常采用双层玻璃幕墙，或双层封闭式、带有回风装置的单元式幕墙等。智能玻璃幕墙广义上包括玻璃幕墙、通风系统、空调系统、环境监测系统、楼宇自动控制系统。其技术核心是一种有别于传统幕墙的特殊幕墙——热通道幕墙。它主要由一个单层玻璃幕墙和一个双层玻璃幕墙组成。在两个幕墙中间有一个缓冲区，在缓冲区的上下两端有进风和排风设施。热通道幕墙工作原理在于冬天内外两层幕墙中间的热通道由于阳光的照射温度升高，犹如一个温室。这样等于提高了内侧幕墙的外表面温度，减少了建筑物采暖的运行费用。夏天，内外两层幕墙中间的热通道内温度很高，这时打开热通道上下两端的进、排风口，在热通道内由于烟囱效应产生气流，在通道内运动的气流带走通道内的热量，这样可以降低内侧幕墙的外表面温度，减少空调负荷，节省能源。通过将外侧幕墙设计成封闭式，内侧幕墙设计成开启式，使通道内上下两端进排风口的调节在通道内形成负压，利用室内两侧幕墙的压差和开启扇可以在建筑物内形成气流，从而进行通风。主动呼吸式双层幕墙技术是目前国际上最领先的幕墙应用技术。双层玻璃幕墙具有防尘通风、保温隔热、合理采光、隔声降噪、防止结露和环保节能等显著特点。它还可以在刮风、下雨等天气中保证大厦的自然通风，夜间可以蓄冷来减少次日的空调负荷。

二、生态性环境艺术设计中技术的应用

（一）景观生态规划设计中生态性环境技术应用的分析

1. 景观生态规划中的环境生态技术应用特点

（1）保护性。

环境生态技术是在对区域景观的生态因子和物种生态关系进行科学研究和分析的基础上，通过合理的设计和规划，将对原有自然环境的破坏降到最低，从而保护良好的生态系统。

（2）适应性与补偿性。

环境生态技术用景观的方式修复城市肌肤，探索能够结合本土实际的生态化发展模式作为谋求完美生活环境的规划和设计，实现生态环境与人类社会的利益平衡和互利共生，促进城市各个系统的良性发展。

（3）修复性。

景观生态规划设计中的环境生态技术应用一方面减少对自然生态系统的干扰和破坏，保护好自然植物群落和自然痕迹；另一方面通过对合理的组织和技术的利用来降低建设和使用中的能源和材料消耗。

2. 景观生态规划中的大气环境生态技术模块

景观生态设计中的环境生态技术针对空气的应用，具体可以归纳为空气净化模块、降温模块以及防风导风模块三大类技术模块。

（1）空气净化模块。

通过抗污染植物群落技术的应用，选用具有吸抗污染和阻滞灰尘功能的植物，组成多层次的净化空气植物群落，所种植的植物具有吸尘、滞尘、杀菌、提神、健体等效果。

（2）降温模块。

降温技术主要包括喷雾、林荫道等。喷雾可以吸附空气中的灰尘，增加空气中的水汽和负氧离子浓度，增加湿度，降低气温，提高空气质量。设林荫道对于城市除了景观绿化作用外，还对环境具有遮阳、降温、净化空气质量以及保持自然通风等作用。

（3）防风导风模块。

风廊导风是指顺着主导风向栽植植物，引导风流进入。庭院有计划植物配置可以将气流有效地偏移或导引，使气流更适于建筑物的通风。

3. 景观生态规划中的土壤环境生态技术应用

景观生态设计中的环境生态技术针对土壤的应用可以归纳为土壤改良、生物多样性促进以及碳技术三大类技术模块。

（1）土壤改良模块。

土壤改良模块主要包括植物配植和植物修复两类技术。植物配植的主要作用是能够有效起到保持水土的作用。植物修复是利用绿色植物来转移、容纳或转化污染物使其对环境无害。植物修复的对象是重金属、有机物或放射性元素污染的土壤及水体。

（2）生物多样性促进模块。

生物多样性促进模块主要是在针对土壤的环境技术使用过程中，注重维护生物物种及过程多样性，尽量使用乡土物种，同时降低人为扰动。

（3）碳技术模块。

土壤碳技术的使用主要包括生物炭制备、土壤碳排放检测等。生物炭可广泛应用于土壤改良、肥料缓释剂、同碳减排等。土壤是地球表层系统中最大而最活跃的碳库之一，土壤碳排放量微小的变化都会引起大气二氧化碳浓度的很大改变，因此土壤碳排放的检测也是针对土壤的景观生态规划设计中应考虑的问题。

4. 景观生态规划中的水体环境生态技术应用

景观生态设计中的环境生态技术针对水体环境的应用，可以归纳为节水技术、污水处理技术、雨水收集与处理技术三大类技术模块。

（1）节水技术模块。

节水技术模块主要包括植物节水、微灌节水等技术。植物节水主要指在设计过程中使用一批如马蔺、土麦冬等极耐干旱、抗逆性极强的园林绿化植物品种。微灌是按照作物需求，通过管道系统与安装在末级管道上的灌水器，将水和作物生长所需的养分以较小的流量，均匀、准确地直接输送到作物根部附近土壤的一种灌水方法。

（2）污水处理技术模块。

在新型城镇化建设过程中，由于农村及小城镇几乎没有完善的排水管网，同时与城市排水管网间的距离较远，污水管网系统的投资费用高，污水的收集与集中处理困难，因此只能采用"集中处理与分散处理相结合"的方法。在具体的景观生态规划设计中，最常用到的是以人工湿地为主要技术的污水处理技术链条。人工湿地是由人工设计的、模拟自然湿地结构与功能的复合体，并通过其中一系列生物、物理、化学过程实现对污水的高效净化。

（3）雨水收集与处理技术模块。

雨水在城市地区的收集处理主要包括两种途径：通过地表渗透或者借助各种辅助设施增加雨水的入渗量，补充地下水，达到涵养水源的目的。雨水在城镇地区的渗透利用有两种方式：绿地就地渗透利用和修筑渗透设施，如下凹式绿地、侧壁渗水孔式排水系统、多孔集水管式排水系统等。而在农村地区主要采用雨洪坑塘进行雨水渗透收集处理。

5. 景观生态规划设计中的地貌改造环境生态技术应用

景观生态设计中的环境生态技术针对地貌环境的应用，可以归纳为土壤修复、水土保持、废物处理三大类技术模块。其中土壤修复技术前文已经叙述，故不多做赘述。

（1）水土保持模块。

景观生态规划设计中，针对水土保持可以运用生态驳岸、绿色篱笆、绿色海绵等技术。生态驳岸是指恢复后的自然水岸具有自然水岸"可渗透性"的人工驳岸，同时也具有一定的抗洪强度。绿色篱笆设计将绿篱作为环境保护设施体系的核心依托框架，与不同的生态技术相结合，构成水土保持的生态网络。绿色海绵是以绿色基础设施网络建设为规划原则，发挥分散的坑塘和林地资源，构建以"绿色海绵"为单元，融合生态"源""汇""战略点"和廊道体系（含生态桥）的绿色海绵绿色基础设施网络。

（2）废物处理模块。

主要指在景观规划设计中利用已有的生产废弃物进行造景技术，以及生产生活废弃物资源化利用。例如，生产废弃物作为雕塑、生态护坡材料、生态浮岛材料；使用废弃生产生物物资进行资源回收利用制造建筑材料等。其最主要的技术应用是垃圾公园的设计，其环境生态技术涉及垃圾填埋、覆盖，垃圾渗滤液处理，土壤修复等。

6. 景观生态规划中的人类活动环境生态技术应用

景观生态设计中的环境生态技术针对人类活动的应用，可以归纳为绿色能源利用、绿色材料利用、废弃物管理与处置，声、光、热环境营造以及灾害防护等技术模块。

（1）绿色能源利用模块。

主要是指在设计过程中利用太阳能、风能、地热能等再生能源技术以及建筑节能技术和设备等，解决系统的能源来源，同时减少对环境的碳排放。

（2）材料利用模块。

主要通过新技术的应用，在传统建筑材料中添加相应的生态材料，或使用可降解材料、纳米材料，使建筑材料或涂料具有吸收二氧化碳等绿色低碳效应，或者在建设与使用过程中减少碳排放。

（3）声、光、热环境营造。

主要指在设计中降低光污染与声污染的技术。例如，增强自然采光，降低人工照明的光污染，以及声源控制、隔声消声等。

（二）建筑设计中生态性环境技术应用的分析

1. 生态建筑设计思想的由来

生态建筑的设计思想是在 21 世纪不断发生地区性的环境污染和全球性的生态环境恶化的过程当中，不少学者和建筑师对现代工业文明开始进行深刻自省和三思。美国学者提出：住宅设计与自然的结合首先需要从生态学的角度对自然环境与人的关系进行宏观的研究，尤其对于现代工业快速发展的过程中自然的发展所带来的破坏和灾难。要适应自然，创造必要的生态环境。其次，以生态理论论证人对自然的依赖，批判以人为本的思想，研究自然中生命与非生命的依赖，强调现代城市建筑应顺应自然规律，设计应与自然相结合。

人类在发展过程当中应该体现集约的原则，并在日常生活中鼓励应用这些原则，美国学者提出十项设计原则，第一，尊重当地的生态环境；第二，要有正确的环境意识；第三，增强对自然环境的理解；第四，结合公众需要，采用简单适用技术，针对当地的气候运用被动式的设计策略；第五，使用节能建筑材料；第六，强调集约原则，尊重自然，要与自然协调，这应该说是生态建筑最基本的设计思想；第七，避免使用易破坏环境产生废物的建筑材料；第八，完善建筑空间使用的灵活性，坚持越小越好，将建设运行的资源和不利因素降到最少；第九，减少建筑过程当中对环境的损害、浪费资源和建材，争取重新利用建材和构建；第十，为所有人提供可使用的空间环境。

2. 设计的过程

从设计目标上看，一般现代建筑以功能和空间设计为目标，满足功能的需要，创造适合公众需要的空间；生态建筑在满足功能和空间需要的同时，强调实现资源的集约和减少对环境的污染。

生态建筑强调资源和环境，强调建筑在整个寿命周期内要减少资源能源的消耗和降低环境污染，大致归纳起来，生态建筑在整个寿命期内基本目标有：第一，尽可能减少资源能源的消耗；第二，把环境直接和建筑的污染降到最低；第三，保护自然生态环境；第四，创造健康舒适的室内外环境；第五，使建筑功能质量目标统一；第六，使建筑生态、经济取得平衡。

在生态建筑基本目标当中，创造健康舒适的室内环境和建筑功能质量目标相统一，在很大程度上保持节俭和适用的目标。比如在挪威，冬季比较舒适的室内环境温度为 25℃左右，从环保和能源角度考虑，挪威把冬季环境温度定为 23℃左右，节约的能源达到 20%~30%。

3. 生态设计在建筑中技术的具体应用

对生态建筑和使用技术的要求可以用三点来判断。

①技术本身的功能与生态环保功能一致。

②要求采用的技术和制造的产品有利于资源能源的节约。

③采用的技术和产品有利于人的健康。

从这个意义上来讲，在生态建筑目前的技术上应该是非常广泛的，包括门窗节能技术、屋顶节能技术等。

所谓生态技术，包括两种情况，第一种在传统技术的基础上，按照资源和环境两个要求，共同改造重组所形成的新技术。第二种把其他领域的新技术，包括信息技术、电子技术等，按照生态要求移植过来。从技术层次性来讲，可以把生态技术分为简单技术、常规技术、高新技术。一般来讲，简单技术和常规技术属于普及推广型技术，高新技术属于研究开发型技术，从我国实践来看，应该以常规技术为主体。

在应用生态建筑技术过程中，技术选择是非常重要的问题。

（1）经济性原则。

生态建筑采用何等层次的技术，不单纯是一个技术问题，其主要受到经济的制约。在我们国家普遍采用高新技术是非常困难的，我们经常会碰到环保与生态利益以及经济利益不完全一致的问题。在这个取舍当中，经济性是非常关键的。目前在欧洲，特别是在德国、英国、法国，在所建立的生态建筑上，它是以高新技术为主体。在 2000 年健康建筑住宅会议曾提出过高生态就是高技术的口号，所以这是在战略基础上建造生态的建筑。目前在国内把整个生态技术发展建立在高新技术的基础之上比较困难，一个问题是经济发展水平，另一个问题是技术和材料不太完善。

（2）因地制宜原则。

各个地方的气候不同，自然资源也不同，在选择生态建筑、选择技术方面，应该根据自己的条件和特点来进行。我国北方地区主要是冬季采暖，能源消耗非常大，对自然环境污染非常严重，首先要解决的是采暖问题。我国南方比较炎热、潮湿，通风、降温是夏季的主要问题，在南方生态建筑设计中注重遮阳和自然通风，降低夏天空调的能源消耗。设计是实现生态建筑的基本技术策略，从一定意义上讲，生态建筑是一个宏观的概念，在考虑材料再利用、新能源开发等很多问题上都不应该停留在个体建筑这个尺度上，应该把它放到整个城市或者一个区域内通盘考虑，也可以把生态建筑认为是一个技术的集成体，许多技术问题，如能源优化问题、污水处理问题、太阳能的采用和处理问题，并不是建筑专业范围内的问题，需要建筑师和各个专业的工程师共同合作。从技术层面上来讲，首先规划选址合理，减少环境污染，资源高效循环利用，降低能源消耗，采用太阳能、风能等。从过程上来讲，提高建筑的保温隔热性能，实现建筑防晒、自然采光照明等，这是生态建筑采用基本的技术策略。

建筑通风是生态建筑普遍采用的比较成熟的技术，自然通风应该取代机械通风和空调制冷，一方面可以不消耗能源而降温除湿，另一方面提供新鲜的自然空气，有利于人的健康。建筑通风可以分为风压通风和热压通风两种，要有比较理想的外部风环境，一般来讲风速不小于每秒 2～3m，房间进深大于 15m。我国土地资源非常紧张，如果建筑住宅房间进深太大，对土地使用很不利，建筑要面向夏季主导风向，一般房间不大于 15m，自然通风可以得到比较好的解决。同时要强调地理空间，建筑物前后包括围墙和植被都可以改变自然的风向，利用这些东西进行自然通风。自然通风很不稳定，在外部不理想的时候用一定的热压通风。比如在设计中，在转角的地方设计出入口和玻璃塔，在夏天的时候可以升高，冬天可以降低，周边玻璃起温室的作用，对室内起到保护作用。

（三）生态环境艺术设计中数字技术应用的分析

1. 数字环艺设计的表现手法

在当今数字化时代，现代生态环境艺术设计出现了革命性的变革，因为其中融入了数字化技术和网络技术，主要表现为沉浸式设计和非沉浸式设计。基于虚拟现实技术的分类又可分为基于模型的沉浸式设计和其他的两种设计，基于模型的沉浸式设计在一般的展示中不会被应用，主要因为其成本高，技术含量高，相对较不成熟。

基于数字技术的各种软件，在设计实践中，色彩的显示非常丰富，材质的选择范围也异常广泛，但在展现具体的设计效果时，由于计算机表现技术对于线条比例、色彩范围以及体量失控的精确性，抹杀了环艺设计方案中的模糊性和随机性，使得设计缺乏了设计师的灵感火花。还由于一些设计师对设计软件的不熟悉，以及设计软件本身功能的局限性，设计师很多优秀的设计构想未能付诸实践。这些因素都使设计作品不能充分体现设计师的思想、灵感，严重束缚了设计师从事设计的手脚，限制了设计师的设计自由。

2. 数字生态环境艺术设计的原则

（1）明确设计的目的。

设计师在进行环境艺术设计时必须明确自己的目标，对于将要进行设计的内容、整体环境以及本次设计所要达到的效果都必须明确，如果仅以个人的主观臆想或者偏好来进行设计，是不明智的。

（2）新颖的艺术形式。

环境艺术设计是艺术设计的一支，艺术设计是不断发展创新的艺术表现形式，环境艺术设计也必须不停地在原有的基础上进行翻新，使得环境艺术设计的生命得到新的延续，并更加具有吸引力。因此，设计师需要不断开拓创新的艺术形式，充分发挥自己的聪明才智，让更丰富的艺术形式展现在世人面前。基于数字技术的各种软件，在设计实践中，色彩的显示非常丰富，材质的选择范围也异常广泛，但在展现具体的设计效果时，由于计算机表现技术对于线条比例、色彩范围以及体量失控的精确性，抹杀了环艺设计方案中的模糊性和随机性，使得设计缺乏了设计师的灵感火花。还由于一些设计师对于设计软件的不熟悉，以及设计软件本身功能的局限性，设计师很多优秀的设计思想未能付诸设计实践。这些因素都使设计作品不能充分体现设计师的思想、灵感，严重束缚了设计师从事设计的手脚，限制了设计师的设计自由。

（3）集成性与交互性。

融入了数字技术的环境艺术设计具有十分震撼的表现力和感染力，使受众的视觉、听觉、触觉诸多感官都能感受到艺术的刺激。之所以如此，是因为数字环境艺术设计集多种技术于一身，如果没有多种技术的集成，这种优势就无法得到体现。但技术的集成并不代表是简单的物理性堆砌，而是各组成部分之间的优化组合。这种组合使数字环境艺术能够和受众进行良好的沟通，这种优秀的交互性也是数字环境艺术设计与其他艺术设计的重要区别。

（4）科学性与真实性。

环境艺术设计面对的是社会公众，它所表达的内容对社会具有必然的影响，要让环境艺术设计给社会产生良好的效益，其所表达内容的科学性和真实性必须得到保证。基于数字技术的各种软件，在设计实践中，色彩的显示非常丰富，材质的选择范围也异常广泛，但在展现具体的设计效果时，由于计算机表现技术对于线条比例、色彩范围以及体量失控的精确性，抹杀了环艺设计方案中的模糊性和随机性，使设计缺乏了设计师的灵感火花。还由于一些设计师对于设计软件的不熟悉，以及设计软件本身功能的局限性，设计师很多优秀的设计思想未能付诸设计实践。

3. 数字生态环艺设计的前景展望

数字化的手段和运行工具成为数字表现的方案，它运用了静态图像和虚拟现实的交互性为之呈现的设计方案，此方案传授给人们的体量感、材质感、空间感和色彩感都具有很高的准确性。通常我们把数字化的表现技术分为三类，分别是相关软件运用技术、相关表现程式、相关表现处理技术，它们无一不融合了软件操作技术、审美意识和工程技术知识为一体的操作。

（1）以概念设计为先导——虚拟现实设计。

近年来，数字技术和虚拟现实技术在整体可用性上取得了很大的突破。最重要的是最大程度上实现了对真实情景的模拟。随着计算机和可视化技术的进步，虚拟环境系统将能呈现出更加真实的环境，虚拟环境越真实，展示出的艺术效果就越明显。高清技术更是为场景真实化做出了巨大的贡献，就如同电影一样，下一个合理的发展方向当然是在三维条件下构建现实的环境。目前，有几种建立在技术基础上的虚拟环境系统已经被开发出来，但毕竟数目很少，还不足以与现行的系统进行竞争。但随着科技的进步，当它的商业价值与其他优势同样明显时，未来的环境设计将开始全面采用这种技术。

　　和任何新技术一样，虽然能风靡一时，但时代是前进的，科学是不断发展的，尤其在知识爆炸的年代，新技术的更新速度更是日新月异。数字技术和虚拟现实技术只能做到对于现实环境的三维模拟，对于技术来说，这已经是一个巨大的进步，带给了人们全新的视觉方面的革命性创新。近年来，技术也已经成熟，很多电影也投入了市场，如芜湖方特欢乐世界，里面有很多运用技术的虚拟场景，场景的先进之处不仅在视觉上让人感觉到立体、真实，在触觉上也有对现实的模拟：剧中的一条鱼吹了个泡泡，破碎之后，自己脸上会感觉有水珠喷过来；屏幕上出现很多小爬虫的时候，座椅的振动设备让你感受到爬虫就在你的周围，慢慢爬过你的腿。更先进一点还可以对温度、湿度等进行模拟，使人完全能和虚拟现实进行交流。

　　虚拟现实设计的最大优点在于交互性的增强，受众通过特定的设备：感应头盔、感应手套、震动传感设备置身于虚拟环境之中，来感受虚拟世界中的各种对象，操作虚拟世界中的各种设备，进行实时交互，体会身临其境的感觉，获得真实世界中的高度真实感。由于这种三维空间的逼真性和身临其境的可操作性，虚拟现实技术已经广泛应用于环境设计。虚拟现实技术的产生，对环境艺术设计领域具有重要的意义：设计师可以利用数字技术在计算机上对现实中的景物进行虚拟处理，如还没有完工的房屋、正在建造中的雕塑，甚至是现实世界中不存在的概念性物体。但值得肯定的是，因为虚拟现实技术的普及，很多试验工作在原有工作方式上有了很大的突破，虚拟现实试验系统的出现，使人们可以直接在虚拟空间中进行直观的模拟试验，如对模型的拆装，建筑物的全景观赏，建筑物承重力的预测等，比实地试验有更多突出的优势，不仅方便快捷，节省大量的人力物力，也更具精确性。通过虚拟试验得出的数据可以指导现实中比较复杂的试验，两者是相辅相成的。可视化不可见的物体：虚拟现实技术为工程设计提供了大量的便利条件，其特点是景物是虚拟的，但又都实实在在地利用了现实世界中存在的数据。

　　（2）基于全息技术的数字环境艺术设计。

　　我们甚至可以更大胆地设想，在不久的将来，随着全息技术的发展，我们在观看环境设计的作品时，无须再佩戴立体眼镜，可以直接置身于设计师所营造的环境之中，与环境融为一体。当技术达到这种水平之时，在这种让人难辨虚实的虚拟环境中，我们可以运用的资源就更加丰富了。甚至可以用神经感应系统来模拟特定的环境景观中的鸟语花香，机车马达的震动感，各种材料设备的真实触感，使受众完全处于"虚幻"的环境里。

①全息技术的历史沿革。

1947年，匈牙利人丹尼斯·盖博在研究电子显微镜的过程中，提出了全息摄影术这样一种全新的成像概念。全息术的成像利用了光的干涉原理，以条文形式记录物体发射的特定光波，并在特殊条件下使其重现，形成逼真的三维图像，这幅图像记录了物体的振幅、相位、亮度、外形分布等信息，所以称为全息术，意为包含全部信息。但在当时的条件下，全息图像的成像质量很差，只是采用水银灯记录全息信息，但由于水银灯的性能太差，无法分离同轴全息衍射波，因此大批的科学家花费了十年的时间却没有使这一技术有很大的进展。1962年，在基本全息术的基础上，将通信行业中"侧视雷达"理论应用在全息术上，发明了离轴全息技术，带动全息技术进入了全新的发展阶段。这一技术采用离轴光记录全息图像，然后利用离轴再现光得到三个空间相互分离的衍射分量，可以清晰地观察到所需的图像，有效克服了全息图成像质量差的问题。

1969年，本顿发明了彩虹全息术，能在白炽灯光下观察到明亮的立体成像。其基本特征是，在适当的位置加入一个一定宽度的狭缝，限制再现光波以降低像的色模糊，根据人眼水平排列的特性，牺牲垂直方向物体信息，保留水平方向物体信息，从而降低对光源的要求。

20世纪60年代末期，古德曼和劳伦斯等人提出了新的全息概念——数字全息技术，开创了精确全息技术的时代。到了21世纪20年代，随着高分辨率的出现，人们开始用等光敏电子元件代替传统的感光胶片或新型光敏等介质记录全息图，并用数字的方式通过电脑模拟光学衍射来呈现影像，使得全息图的记录和再现真正实现了数字化。

数字全息技术是计算机技术、全息技术和电子成像技术结合的产物。它通过电子元件记录全息图，省略了图像的后期化学处理，节省了大量时间，实现了对图像的实时处理。同时，其可以通过计算机对数字图像进行定量分析，通过计算得到图像的强度和相位分布，并且模拟多个全息图的叠加等操作。

②全息技术的原理。

人类之所以能感受到立体感，是由于人类的双眼观察物体时是横向的，且观察角度略有差异，图像经视并排，两眼之间有 6cm 左右的间隔，神经中枢的融合反射及视觉心理反应便产生了三维立体感。根据这个原理，可以将显示技术分为两种：一种是利用人眼的视差特性产生立体感；另一种则是在空间显示真实的立体影像，如基于全息影像技术的立体成像。全息影像是真正的三维立体影像，用户不需要佩戴立体眼镜或任何的辅助设备，就可以在不同的角度裸眼观看影像。数字全息技术的成像原理是，首先通过器件接收参考光和物光的干涉条纹场，由图像采集卡将其传入计算机记录数字全息图；然后利用菲涅尔衍射原理在电脑中模拟光学衍射过程，实现全息图的数字再现；最后利用数字图像基本原理再现的全息图进行进一步处理，去除数字干扰，得到清晰的全息图像。

第三节 公共环境设计的生态化分析

公共环境设计是指在开放性的公共空间中进行的艺术创造，这里对于公共环境设计与生态化的研究，从公共艺术空间的外部环境、公共环境装饰艺术理解以及生态视角下的公共环境设施设计三个方面入手。

一、公共艺术空间的外部环境

公共艺术空间的外部环境是指创造和实施公共艺术的外部客观环境，即地域自然环境和地域社会环境。公共艺术必须反映作品所在地的自然环境和社会环境的特点，其创作和实施必然会受到作品所处的自然环境和社会环境的影响，从而形成公共艺术的地域个性。

（一）公共空间的地域自然环境

包括地理位置和地理环境在内的地域自然环境是公共艺术外在因素的根本原因，是公共艺术出现和发展的自然基础。公共艺术的创作内容必须反映地域的自然特征，选择的材料、形态、运输、安装和维护方法必须考虑地区气候和地区木材的生产。城市是人工的自然环境，属于自然的一部分，如果没有整个生态系统就不能独立存在。所以，如果要在城市中创建和实施公共艺术，就必须按照自然美的规律来再现自然。如果舍弃了自然的原理，就会破坏原本的自然环境，受到自然的惩罚。

1. 公共空间的地理区位

地理区位是公众艺术空间环境因素中不变的因素，其作用在不同时期发生变化。地理区位是与地理位置相关，又与地理位置不同的概念。"区位"这个词除了解释为空间内的场所外，还有为了特定的目的而连接的布局和区域这两个意思。所以，场所的概念和地域密切相关，包含着设计的意义。某个地方的点、线、区域要素，如在河川的汇合点和住宅区、海岸线和交通线、河川流域和城市的游乐设施区域等，在地理坐标上有特定的位置。

2. 公共空间的地理环境

地理环境是社会史存在和发展的决定性因素之一，也是公共艺术出现和发展的必要条件之一。公共艺术存在于特定的地理环境中，受到限制和影响。作为一个有创造性思维的人，他必然会受到他的国家、社会和国家地理环境的影响。

实际上，没有纯粹抽象的城市公共空间，所有城市的公共空间最终都会结合各种社会活动产生各种各样的场所，也就是公共场所。每个地方都形成了不同地方的精神。有政治场所、文化公共场所、商业公共场所、一般公共场所、娱乐公共场所约5种场所。这些地方的性质和功能决定了公共空间的性质和功能，以及场所的内涵。

（二）公共空间的地域社会环境

1. 经济规律

公共艺术属于物质社会的一部分。如果没有经济输入，就不能进行公共艺术的制作和实施。经济繁荣和社会进步是公共艺术产生的重要基础。现代公共艺术活动是社会活动的一部分，承担着特定的社会实践性功能。

2. 科学技术

物质社会文化产生、形成和发展的每一个阶段都离不开物质技术手段在生产生活中的应用。人类开发利用自然资源的技术水平和观念是改变区域自然环境的主要原因之一，它引起政治、经济等其他地域社会环境因素的变化，对文化艺术意识和状态产生影响。但是，从项目到公共艺术的实施，必须考虑工程技术的可行性，公共艺术的生产、运输、安装、维护等所有具体实施环节都必须与相关技术相关。当代中国最具代表性的四大公共建筑——鸟巢、水立方、国家大剧院、中央电视台新大楼的诞生，都与现代高科技息息相关（图2-3-1~图2-3-4）。

图 2-3-1　鸟巢

图 2-3-2　水立方

图 2-3-3　国家大剧院

图 2-3-4　央视新大楼

3. 政治制度

经济繁荣和民主政治是公共艺术的两大外部因素。地区政治力量的形式、功能的行使方法以及其他地区的相互作用，直接影响地区文化和艺术国家的形成。政府的文化输入、政策的制定和政府的文化认识倾向，在公共艺术的确立和定位中发挥着重要的作用，有时甚至是决定性的。

二、公共环境装饰艺术理解

（一）公共雕塑

城市雕塑是雕塑艺术的延伸，也称"景观雕塑""环境雕塑"。无论是纪念碑雕塑或建筑群的雕塑，还是广场、公园、小区绿地以及街道间、建筑物前的城市雕塑，都已成为现代城市人文景观的重要组成部分。城市雕塑设计，是城市环境意识的强化设计，雕塑家的工作不只局限于某一雕塑本身，而是从塑造雕塑到塑造空间，创造一个有意义的场所、一个优美的城市环境（图2-3-5）。

图2-3-5　广场雕塑

作为一种公共艺术作品，雕塑在设计过程中，必须考虑是否与周围环境、景观、建筑，与雕塑所在地相对应的历史文化习俗，人群的交流因素，无形的声、光、影相协调。所以，在确定雕塑的场地、位置、尺度、色彩、形状和质地时，往往需要研究各方面的背景关系，通过平衡、统一、变化、韵律等手段寻求恰当的答案，表达特定空间和艺术设计的氛围，给人留下鲜明的第一印象。只有在这样的环境中行走，才能感受到城市雕塑的亲切感。

1. 公共雕塑的设计原则

（1）接近真人尺度。

由于现代城市生活节奏的加快，摩天大楼层出不穷，人与人之间相互独立，造成了负面的人文影响。所以，在城市规划中，设置观赏区、休闲区、步行街、绿地等公共空间，并在其中设计雕塑，营造人与环境的亲近感。在绘制环境雕塑时，雕塑的尺寸几乎总是接近真人，从而加强公众参与感，从而满足城市公共环境不同层次人群的舒适感。

（2）关注现代人的审美与时尚。

城市环境的现代性要求公共艺术作品不再满足于过去的传统方式，而是要丰富艺术作品的表现手法、材料和技法，更加注重当代城市人的审美情趣、审美心理和审美习惯，只有对这些了然于胸，设计出来的雕塑才能在现代城市公共空间中和谐地矗立。

2. 公共雕塑选址

城市雕塑选址首先要看的是精神功能，同时环境空间的物质因素也是必须要建构的，以构成特定的思想情感氛围和城市景观的观赏条件。以下这些地方都是比较常放置城市雕塑的。

（1）城市的火车站、码头、机场、公路出口。这是能给城市初访者留下第一印象的场所。

（2）城市中的旅游景点、名胜、公园、休憩地。这些地方是最容易聚集大量观众，而且最适合停下来仔细欣赏城市雕塑的场地。

（3）城市中的居住小区、街道、绿地。这些地方环境和谐、气氛温馨，是最容易让雕塑与人亲近的地方。

（二）城市壁画

1. 主题确认与框架构思

最终的主题是从业主（委托人）和使用者的命题范围之内来确认的。如果壁画属于功能性比较强的，通常是业主直接给出主题，在构思完整体框架之后，利用艺术家的表达方式表现出来。而构思一般分为两个方面：

一方面，它基于理性的思考，揭示和强调建筑承载者的内涵，关注场所精神的事件和情节，具有纪念和引导的意义。另一方面是非理性的思考，这类壁画大多是设计者情感的一种宣泄，想象和表现一种理想和意识，一般是带有唯美色彩和抒情性质的设计，比较注重装饰出来的效果，注重视觉效果对建筑物外部与环境的和谐以及是否能对外部的形、质、色等视觉因素起到补充和调整作用。

壁画的设计选择中，设计者要从古今中外的丰富文化吸取营养，引出壁画和建筑的墙壁的形状的变化关系的研究，或者适应当地的文化特点和现实背景，或者从具体的地点的功能入手。

2. 色彩与处理分析

在现代壁画设计中，壁画的装饰效果与色彩处理有直接关系。在普通的绘画中，有一种更加个性化的风格，可以采用定制的喜欢的颜色。而在壁画设计中，色彩要更多地体现环境因素、功能因素和公众的审美要求。

（1）要特别注意色彩对人的生理、物理、心理等方面的影响，以及色彩对人的联想和情感反应，如纪念馆、博物馆、展览室等场所的壁画往往以低亮度、高纯度色调为主，营造庄重、庄严、稳定、神秘的氛围；在公共娱乐场所、休闲场所、运动场、休息室等场所，以温馨、轻快、明亮为主要色调，适当运用高亮度、高纯度的色调，营造出欢快、愉悦、活泼的气氛。

（2）我们不仅要满足于现实生活中非常自然的色彩潮流，还要思考如何表达比现实生活更丰富的色彩和理想，以实现其装饰功能。

（3）也可以通过绘画色彩来调整环境，恰当地使用不同的颜色，调整平缓、坚硬的建筑，使环境有人情味。

（4）壁画的色彩设计必须从一个完整的角度看待周围的环境，强调结构模式，将其各个部分及其变化与壁画完全联系起来，使气氛自然和谐。

三、生态视角下的公共环境设施设计

（一）公共环境空间与人的关系

1. 人对空间的感知

空间与人的关系就像水与鱼的关系。只有借助空间的参照，才能凸显人的存在。人可以主动地改造空间，空间也是事物存在的有机载体。对于一个能够容纳人的空间，它需要在空间中非常有序，空间中的人和公共设备构成了主从关系。在现代社会，人们通过营造居住、活动和旅游的空间来寻求自己丰富的内心愉悦。

人在环境空间的活动过程中，可以通过不同的体验来获得多个方面的感知，这其中也包括人对空间的感知。

（1）生理体验。

锻炼身体、呼吸新鲜的空气。

（2）心理体验。

追求宁静、赏心悦目的快感，缓解工作压力。

（3）社交体验。

发展友谊、自我表现等。

（4）知识体验。

学习文化、认识自然。

（5）自我实现的体验。

发现自我价值，产生成就感。

（6）其他。

不愉快体验或消极体验等。

不同层次的人的体验是对现代人品格的追求，也是现代人特点的充分体现。在公共设备项目中，必须充分满足人们各种体验的需求，以达到空间效率，这是优化当前环境的前提。

2. 人在空间中的行为

不同地区有不同的地形和风俗习惯，它们之间有一定的联系。比如广衰的草原给了牧民一种宽厚的爱，江南的人们有一种聪明能干的性格。由此可见，环境在塑造人的性格方面起着重要的作用。空间环境会对人的行为、人格和心理产生一定程度的影响，同时，人的行为也会对环境空间产生一定的作用，这一点在城市居住区、城市广场、街道等人工景观的设计和使用中有着突出的体现。

（二）公共设施的颜色与材料

公共设施不仅是把造型与功能结合起来的一种设计形式，它还是一种设计艺术。公共设施的框架支撑全靠材料，而且会在经过特殊的加工工艺之后表现出来，所以对材料的表现十分依赖。综上所述，公共设施的材质和工艺能直接影响其美观程度。除此之外，还要重点考虑材料特性在设计过程中的体现，例如，材料的可塑性、工艺性等，把材料的这些不同性质都充分利用起来，可以表现不同的主题。设施本身具有的特点和美学特征会随着材料的变化而变化，材料的结构美、物理美、色彩美是最能体现其美学特征的。所以，在使用材料时，要把材料的个别属性和结构属性尽量都挖掘出来，充分体现物体的美。同时，我们也要注意材质表面的质感，因为如果表面是不同的工艺，材质的质感也会相应不同，所以给人的视觉效果也会有所不同。

除上述原因外，材料的感觉会因加工的精细程度而有所不同。这个过程越精细，给人的感觉就会越生动、越有魅力。相反，如果工艺相对简单直接，会给人一种很大气的感觉。从中可以看出，工艺的过程会给人带来不同的视觉感受，工艺美也会有所不同。

（三）公共交通空间的环境设施

1. 自行车停放位置设计

我国有"自行车王国"之称，这说明自行车在我国得到了广泛的应用，已经成为我国最受欢迎的交通工具之一。将自行车在空间内的停放问题有效解决是优化景观综合效应的重要因素。在道路周围或沿途的公共空间，设计师会为自行车创造一些固定的停车位，这些停车位通常是遮棚的构造，其中很多都采用了相对简单的露天停放架或停放器设计（图2-3-6）。

图 2-3-6　自行车棚设计

自行车的存放设施除了功能性是必须考虑的，效益也是必须要体现出来的，也就是在一定面积内怎样尽可能多地停放自行车，通常自行车存放设施会选用单侧式、双侧式、放射式、悬吊式与立挂式等方式存放自行车。在它们之中，最能节省占地面积的是悬吊式与立挂式，但这两种也有缺点，那就是进出不便，不方便存取；而比较整齐的是放射式，摆放起来十分整齐、美观。

2. 公交车站亭的设计

公交车站亭的主要功能是让乘客在候车时享受舒适的环境，确保人民群众的安全和舒适。所以，公交车站亭需要具备防晒、雨雪防护、防风等多种功能，在材料方面，还应考虑到其露天因素：一般情况下，公交车站亭一般采用易于清洗不锈钢、铝、玻璃等材料，保持开放空间的形状。

（1）公交站亭的类型。

公交站亭的类型较多，其主要有顶棚式、半封闭式等。

①顶棚式。

只有顶棚与支撑设置，顶棚下是一个通透的开放空间，便于乘客随时查看来往的车辆，也可以单独地设置一个标志牌等。没有围合的公交站亭模型就是这样的一种顶棚式公交站亭（图 2-3-7）。

图 2-3-7　顶棚式公交站亭

②半封闭式。

这种公交站亭的设计主要是面向前面的道路与公交车驶来方向不设阻隔，一般都是在背墙上应用顶棚，亭子的四个空间上最少要有一个面不设隔挡。地面和顶棚是必需的，而立面却可以自由地拆卸，且是相互独立的（图 2-3-8）。

图 2-3-8　半封闭式公交站亭

（2）设计原则。

①易于识别。

易于识别是指公交站亭要具有很好的识别性，与周围的景观或者建筑具有很好的对比性，要方便人能在较远的位置就能认出或从周围的景观中识别出这就是公交站亭，这是在设计公交站亭时首先要考虑的。

②与周围的景观环境和谐统一。

公交车站亭本是有一定体量的，所以会对周边环境产生影响。因此，在公交车站亭的设计中应考虑到公交车站亭与周围景观的协调，以提升景观形象。

③明确划分空间。

在公交车站亭的设计中，必须注重空间的划分，主要是人流中动静空间的划分。同时，还必须注意路亭的功能划分，包括座位、垃圾箱、路牌的设计和关系的处理。

④具有地域性特色。

公交车站亭的设计不仅要有相对完整的功能，而且要与当地的景观相协调，体现一个城市独特的地域文化。

总之，只有遵循以上原则，公交车站亭的设计才能更具文化性和协调性。

（四）公共空间的服务设施

1. 公共娱乐设施

公共娱乐设施分为观赏设施和娱乐设施两类。观赏类主要为游客提供方便，是辅助性的娱乐设施，如有轨电车、缆车等；娱乐设施主要是为游客提供的娱乐设备，如滑梯、旋转木马等。在这里，我们主要讨论小型儿童娱乐设施。例如，在公园里，我们可以根据游客的心理和生理特点来设计设施的形状、规模和颜色。

儿童娱乐设施在各类娱乐设施中占很大比例，主要包括沙坑、滑梯、秋千、跷跷板等组合设备。这些公共设施考虑到孩子们玩耍的年龄、季节和时间，也可以因地制宜地打造。在材料的选择上，应尽量使用玻璃钢、PVC、充气橡胶等，避免在活动中对人体造成冲击（图2-3-9）。

图 2-3-9　户外儿童娱乐设施

2. 售货亭

售货亭的主要功能是满足人们方便购物的需要。这些设施在大多数的公共场所，如广场和旅游胜地都能见到。随着社会化的发展，商业经济的不断发展和人们日常生活的需要，这些售货亭也趋于完善。

首先，将其视为城市环境中的一个点，根据其使用目的、场景环境的要求和消费群体的特点，综合考虑其位置和容积。一般来说，售货亭规模小，形式优雅，特点相对清晰，分布广泛。

售货亭通常可分为固定式与流动式两种类型。

（1）固定式售货亭（图 2-3-10）。

多和小型的建筑特征、形式、大小比较类似，而且体量不大、分布十分广泛，便于识别。

图 2-3-10　固定式售货亭

（2）流动式售货亭（图 2-3-11）。

它们大多是小型货车，具有良好的机动性，可随时移动，如手推车车、摩托车或拖车。外观颜色非常鲜艳，形式独特，显示了所售产品和服务的类型。

图 2-3-11　流动式售货亭

（3）无人售货机（图2-3-12）。

无人售货机是近几年流行起来的一种无人公共售货服务，其特点是体积小、销售灵活、方便，进一步发展和完善了城市公共场所的销售设施，满足了行人的简单需求。现在，使用移动支付或硬币的无人售货机主要销售饮料、冰激凌，也有鲜花、盲盒等，大多是盒式或瓶装的，并配有照明装置。

图2-3-12 无人售货机

3. 公共垃圾箱

当今，现代城市生活节奏日益加快，人们的生活频率和办事效率对公共设施提出了更高的要求。基于此，公共卫生单元工程的内容更加具体化、多样化，在很大程度上体现了现代城市生活环境卫生水平的提高，设施的广泛使用也在很大程度上促进了城市卫生环境质量的提高。目前，城市公共卫生单位包括垃圾箱、公共厕所和垃圾处理站。这些设施的设计原则主要强调生态平衡和环境意识，同时突出"以人为本"的设计理念，充分展示公共卫生设施对提高人民生活质量的作用。

公共垃圾箱主要设置于休息区、候车亭、旅游区等公共场所，既可以单独存在实现功能，也可以和其他公共设施一道构成合理的设施结构。

垃圾的分类、回收和再利用是现代文明发展的完整体现。在现代社会，人们对不同类型的垃圾越来越有了新的认识。垃圾分类必须成为现代人的习惯，垃圾分类是现代人改善生活环境、发展生态经济的重要手段之一（图2-3-13）。

图2-3-13　分类垃圾箱

4. 公共卫生间

公共卫生间的配置充分体现了现代城市的文明发展程度，充分凸显了以人为中心的理念。一般情况下，公共卫生间安装在广场、街道、车站和公共场所。在一些人口密度大、人流大的地区，必须根据实际情况确定卫生间数量。它的设计、设施内部结构的处理和管理质量，标志着一个城市的文明程度和经济水平。

公共卫生间的设计必须遵循卫生、舒适、经济、实用的原则。它是一种与人体有着密切接触的设施，其内部空间尺度也必须遵循人体工程学的原则。

（五）公共空间的信息设施

1. 地标建筑设计（图2-3-14）

地标是城市中一种突出的建筑，在空间上起着突出的作用，是人们识别城市环境的重要标志。城市地标最突出的是塔楼。塔楼的类型很多，传统的有寺庙塔和钟楼，现代的有电视塔。随着现代建筑技术的进步，塔楼的高度和规模不断提高，其功能应用也越来越多样化。它涉及广播、广告、定时、通信等多种功能，已成为城市的象征。此外，还有一些具有强烈历史魅力的低矮建筑，如拱门、雕塑、树木等，也可以作为地标物。

图 2-3-14　广州地标建筑——小蛮腰

2. 公共钟表（图 2-3-15）

在城市环境中，钟楼是传递信息的重要公共资源。这种装置可以表达城市所拥有的文化和效率，通常在城市的街道、公园、广场、车站等场所设置。

图 2-3-15　重庆钟楼大钟

第四节　室内环境设计的生态化分析

　　在维护生态和谐社会的今天，人们对节约能源、改善生活的内部环境有了更多的绿色要求和理念。使人类生活和居住的内部环境体现空间环境、生态环境、文化环境、景观、社会环境、健身环境等多种环境的融合效果，使居住环境质量更加舒适、优美、干净，我们必须了解生态设计元素，并有效利用这些设计元素。

一、室内环境与室内设计

（一）基本概念

1. 室内环境

室内环境是一个四维时空概念，它是围绕建筑物内部空间进行的环境艺术设计，从属于环境艺术设计范畴。室内设计是一门综合性学科，它所涉及的范围非常广泛，包括声学、力学、光学、美学、哲学、心理学和色彩学等知识。

2. 室内设计

室内设计所创造的空间环境，既能满足相应的功能要求，又能反映历史文脉、建筑风格、环境气氛等精神因素。现代室内设计是一种综合性的室内设计，它既包括视觉环境和工程技术，又包括声、光、热等物理环境、心理环境和文化内涵等氛围和艺术设计。室内设计是满足人类生活和工作的物质和精神需求的理想的室内环境设计，是空间环境设计体系中最直接、最密切、最重要的一个组成部分。

（二）室内设计的特点

1. "以人为本"宗旨

室内设计是根据空间使用性质和所处的环境，运用物质技术手段，创造出功能合理、舒适美观、符合人的生理和心理要求的理想场所的空间设计，旨在使人们在生活、居住、工作的室内环境空间中得到心理、视觉上的和谐与满足。为了满足人们在室内的身心健康和综合处理人与环境、人际交往等关系的需求，设计师在进行室内设计之前就必须对人的生理、心理等有一个科学的、充分的了解，以创造一个满足人们多元化物质和精神需求的舒适美观的室内环境。

2. 结合了工程技术与艺术

室内设计是一门技术与艺术相结合的科学，因而工程技术和艺术创造在室内设计中都应该被强调。在科技不断发展的今天，人们的审美观念随着价值观的转变也有了极大的改变。这带动了室内设计材料的更新以及设计灵感的涌现。只有将物质技术手段的设计素材和艺术手法的设计灵感结合起来，才能创造出富有表现力和感染力的室内空间环境。

3. 具有可持续发展性

生态意识是当今一种很强的设计思潮。从本质上讲，它也是一种方法论，反映人与环境包括人、物、社会的态度，注重人与自然的生态平衡，强调人与自然的协调发展。室内环境设计的生态意识是在封闭环境中实现可持续发展。生态意识贯穿于室内设计的全过程，所以室内设计的各个环节都必须以生态可持续发展为导向，从设计定位、材料规划、施工组织等方面着手。

（三）室内环境的构成

室内设计是一门专业覆盖面广、范围广的学科。现代室内环境设计是一个综合性的工程系统。室内设计和室内装饰并不是同一含义，室内设计是一个大的概念，它是一种综合性的时空艺术形式，而室内装饰只是一个方面，它只指对空间围合物进行装点和修饰，所以，从构成的内容来看，室内设计应包括以下四个方面。

1. 室内空间设计

室内空间设计，就是运用空间限定的各种手法进行空间形态的塑造，是对墙、顶和地六面体或多面体空间形式进行合理分割。室内空间设计是对建筑的内部空间进行处理，目的是按照实际功能的要求，进一步调整空间的尺度和比例关系。

2. 室内装修设计

室内装修设计是指对围合实体的建筑空间界面进行装饰和处理。根据空间处理要求，根据设计意图使用不同的装饰材料处理各个空间界面构件。室内装修设计采用各类物质材料、技术手段和美学原理，既能提高建筑的使用功能，又能营造建筑的艺术效果。

室内装修设计的内容主要包括以下方面。

（1）天棚装修。

又称"顶棚"或"天花板"的装修设计，起一定的装饰、光线反射作用，具有保湿、隔热、隔音的效果，比如家居展示大厅中顶棚的立体化装修设计，既有装饰效果又有物理功能。

（2）隔断装修。

是垂直分隔室内空间的非承重构件装置，一般采用轻质材料，如胶合板、金属皮、磨砂玻璃、钙塑板、石膏板、木料和金属构件等制作。

（3）地面装修。

常用水泥砂浆抹面，用水磨石、地砖、石料、塑料、木地板等对地面基层进行的饰面处理。另外，门窗、梁柱等也在装修设计范畴内。

3. 室内物理环境设计

室内物理环境的设计，包括室内整体感觉的处理和设计、给排水、供暖、通风、温湿度调节等系统的设计，也属于室内装饰设计的设备设施范围。随着科学技术的不断发展和人们对居住环境质量要求的不断提高，室内物理环境设计已经成为现代室内设计中极为重要的一个环节。

4. 室内装饰、陈设设计

室内装饰、陈设设计，主要是针对室内的功能要求、艺术风格的定位，是对建筑物内部各表面造型、色彩、用料的设计和加工，包括对室内家具、照明灯具、装饰织物、陈设艺术品、门窗及绿化盆景的设计配置。室内物品陈设属于装饰范围，包括艺术品（如壁画、壁挂、雕塑和装饰工艺品陈列等）、灯具、绿化等方面。

（四）室内环境的设计原则

室内外环境设计是建筑设计的深化，是绿色建筑设计中的重要组成部分。绿色建筑的核心理念是"以人为本"，这也是人们对于绿色建筑的本质追求。在室内外环境设计中，我们必须一切围绕着人们更高的需求来进行设计，这就包括物质需求和精神需求。

1. 合理性

（1）空间的合理布局。

室内空间的合理组织和布局对室内环境的设计至关重要，设计师要最大限度地满足通风和自然采光的要求，从而为人们创造一个适宜居住的物理环境。在设计室内环境时，尽量避免只考虑表面装饰的形状、颜色和材料的影响，增强室内自然生态设计的力度。内部环境也应分为动态和静态、潮湿和干燥。为了减少空间之间的干扰，增加空间布局的实用性，设计师应该特别注意这种区别。在设计室内环境的过程中，可以选择植物来代替家具划分空间，这样既可以减少家具带来的刚性，增加房间的活力，又可以净化空气，使人赏心悦目。这就要求设计师考虑内部功能、造型和工艺的整体协调，做出全面合理的布局。

（2）控制建筑材料。

传统建筑材料的使用不仅会消耗大量的自然资源，还会造成许多环境问题。随着人们不断提高自己的环保意识，在建筑材料的选择上人们也增加了两个考虑因素：把自然资源的消耗降到最低和怎样打造一个健康舒适的空间。

（3）控制有害物质。

随着现代生活节奏的加快和环境质量的恶化，人们在封闭环境中生活和工作时间长了，会威胁到自身健康。所以，在建筑中减少使用有害物质，对于生活质量和人民健康指数的提高是具有重要意义的。

（4）隔音设计。

噪声的危害是多方面的。例如，它会引起耳朵不适，使人工作效率低下，对人的心血管系统造成损害，引起神经系统紊乱，就连听力和视力都会受到影响，我们必须密切注意。随着现代城市的不断发展，城市建筑的密度越来越大，噪声源也越来越多。人们更喜欢轻质高强度材料，这就说明人们更多地考虑建筑内部隔音问题。对于有效的建筑物隔声保护措施，除了考虑建筑物内人员活动引起的噪声干扰外，还应考虑建筑物外交通噪声传播和交通、工商活动等产生的干扰。建筑隔声设计的内容主要包括选择合适的隔声材料、采用合理的布局、采用隔声结构和材料、采取有效的隔振措施。

（5）采光照明设计。

室内照明是室内设计的重要组成部分之一。在刚开始设计的时候就要考虑到这一点。室内设计中的光可以形成、改变或破坏空间，直接影响人们对物体大小、形状、质地和颜色的感知。室内照明主要包括自然光源和人工光源。然而，有很多因素都会导致自然光源的变化，其不稳定性导致了室内光照的不均匀性。为了提高内部照明的均匀性和稳定性，有必要引入自然光，同时在建筑物的高窗处采取反光板和折光棱镜玻璃等措施进行补偿。

2. 健康性与舒适性

真正的绿色建筑，不仅要亲近、爱护、保护人和建筑所处的自然生态环境，追求自然、建筑、人的和谐统一，而且要提供舒适、安全的室内环境。

（1）使用大量环境资源。

在规划设计绿色建筑时，要合理利用环境资源，节约能源：真正的绿色建筑必须进行资源的循环利用，改变破坏性的、片面的资源利用方式，尽可能地循环利用；优化和合理配置应以梯度消费，减少闲置资源，遏制过度消费，充分利用物质价值。对于绿色建筑的规划设计，主要考虑四个方面：全面系统地规划设计绿色建筑；创新能源利用；尽量保持建筑原有地形，避免破坏生态环境和景观；选择安全建筑工地。

（2）完整的住房系统。

当今时代，绿色居住建筑的生态环境问题受到高度重视，人们更加渴望回归自然，使人与自然和谐相处。生态文化住宅以满足人们的物质生活为基础，更加关注人们的精神需求。而生活的便利性要求住宅拥有一套完整的生活配套设施，因此注重环境、追求生活空间的生态文化环境的第五代住宅产生了。

3. 安全性

绿色建筑的安全是指建筑工程竣工后对结构安全、人身保护和环境的保护程度，绿色建筑的可靠性是指建设项目在规定的时间和条件内完成规定功能的能力。人们设计和选择合适建筑的重要基准是适用性、耐久性、安全性和可靠性，所以，安全可靠是绿色建筑工程最基本的特点，其本质是以人为本，保障人的安全健康。

（1）选址。

洪水、山体滑坡等自然灾害不仅能破坏建筑物，而且会对人民的生命财产安全构成威胁。此外，还要注意有毒气体和电磁波对人体的不良影响。因此，在选址过程中，首先看基地的现状，如果有地质灾害的历史，最好仔细核对历史上很久以前的情况，尽量不要选择。其次通过对地质条件的实地研究，精确评估建筑物的适宜高度。总而言之，绿色建筑的选址必须符合国家有关安全规定。

（2）建筑。

一般来说，建筑物的结构必须能够支撑正常施工和使用过程中可能出现的各种功能，并在发生事故时保持必要的整体稳定性。建筑工程设计时，应注意采取确保建筑的安全的设计措施。除了保证建筑人员和结构的安全和结构功能的正常发挥外，还必须保证建筑物的结构能够得到修复。

4. 耐久性

人们能够在保持结构的基础上正常设计、正常施工、正常使用和正常维护，以及结构的安全性、适用性和耐久性，是现代生态设计的要求。但是，绿色建筑的耐久性和适用性有很多要求，比如建筑材料必须回收利用，充分利用可以利用的旧建筑。

5. 绿色环保性

绿色建筑的基本特征之一就是节能环保，这是一个多方面、全过程的概念，包括土地、能源、水和材料。

在用地方面，要加强城市建设项目用地的科学管理，在项目前期工作中采取多项有效措施，合理控制城市建设用地；在节能方面，一方面，要节约，如何提高供热系统的效率，减少建筑自身的能源损失，另一方面，要开发利用新能源；在节水方面，要增加收入，减少开支，合理规划设计城市排水系统，采取相应的工程措施，收集和利用雨水等水资源。

二、生态视角下的室内顶棚与地面设计

（一）顶棚生态化设计

1. 顶棚装修

顶棚在人的上方，它对空间的影响较为显著，一般材料选用石膏板、金属板、铝塑板等，在设计时应考虑到顶棚上的通风、电路、灯具、空调、炯感、喷淋等设施，还应根据空间或设施的构造需要，在层次上做错落有致的变化，以丰富空间、协调室内空间环境气氛。

（1）纸面石膏板吊顶。

纸面石膏板吊顶是由纸面石膏板和轻钢龙骨系列配件组成，具有质轻、高强度、防火、隔音、隔热等性能，有便于安装、施工速度快、施工工期短等特点，适合不同空间，并能制作出多种造型。

（2）石膏角线。

石膏角线位于顶棚与墙的交界处，也称"阴角"，由于阴角处一般在施工中很难处理好，故用石膏角线来弥补阴角的缺陷，起到美化空间的作用。根据设计的需要，石膏角线后边可以隐藏一些电线，将形式和功能结合得天衣无缝，同时角线也可以做成木质的。然而，并不是所有房间均适合用角线，在设计时要根据房间的风格形式来决定是否使用。

2. 屋面保温隔热技术

屋面节能形式主要有保温屋面、种植屋面、蓄水屋面、通风屋面或组合节能屋面等。从节能角度，屋面保温主要是为了降低寒冷地区和夏热冬冷地区顶层房屋的采暖所耗热量，并改善其冬季热环境质量；屋面隔热是为了降低夏热冬暖和夏热冬冷地区顶层房屋的自然室温，从而减少空调能耗。

（1）实体材料层保温隔热屋面。

保温屋面指的是选择适当的保温绝热材料并通过一定的构造方法将其设置在建筑屋面，用于改善建筑顶层空间的热工状况，实现提高室内热舒适、节约建筑能耗的目的。

一般情况下，屋面保温设计应兼顾冬季保温和夏季隔热，选取重量轻、力学性能好、传热系数小的材料。如需提高保温隔热性能，可以加大保温层厚度，也可以选择传热系数更小、保温性能更高的保温材料。另外，为增加室内的热稳定性，减少温度波动，应适当提高屋面结构材料的热惰性（蓄热性能）。应该注意的是，保温材料受潮后其绝热性能会下降，所以需要屋面的保温层内不产生冷凝水。

（2）通风屋面。

通风屋面是指在屋顶上设置通风层（架空通风层、阁楼通风层等），通过通风层的空气流动带走太阳辐射热量和室内对楼板的传热，从而降低屋顶内表面温度。

（二）墙面生态化设计

1. 墙面装修

（1）玻璃墙面。

玻璃表面具有不同的变化，如色彩、磨边处理，同时玻璃又是一种容易破裂的材料，如何固定与放置是需要特别设计的。玻璃具有极佳的隔离效果，同时它能营造出一种视觉的穿透感，无形中将空间变大，对于一些采光不佳的空间，利用玻璃墙面能达到良好的采光效果。

（2）壁纸墙面。

这是一种能使墙变得漂亮的方法，因为壁纸的颜色、图案、材料多种多样，可任意选择，而且如今的壁纸更耐久，甚至可以水洗。

（3）镜子墙面。

用镜子将景物反射到对面的墙上，或者用镜子使多个场景重叠形成一个画面，既能扩大空间，又能给人一种新鲜的视觉印象。如果两面镜子是相对的，而且镜子是相互映照的，那么视觉效果会更加奇特。

（4）面砖墙面。

由于面砖具有耐热、防水和易清洗的特点，它理所当然地成为厨房、浴室必不可少的装饰材料。长期以来，人们在使用面砖时只注重强调其实用性，而目前可供选择的面砖比以往面砖有极大的改观，花色品种多种多样。在铺装时也可采用不规则的形状或斜向的排列，构成一幅独具风味的艺术拼贴画。

2. 墙体内保温隔热设计

将高效保温材料置于外墙的内侧就是墙体的内保温技术，这类墙体经常在外墙内侧设置绝热材料负荷。墙体内保温技术在我国的保温系统中的运用仅次于墙体外保温技术。墙体的绝热材料层（如保温层、隔热层）：针对墙体的主要功能部分，采用高效绝热材料（导热系数小）。墙体的覆面保护层：防止保温层受破坏，同时在一定程度上阻止室内水蒸气侵入保温层。

三、生态视角下的室内绿化设计

（一）设计功能

室内绿化是室内设计的一部分，它主要是利用植物材料并结合常用的手法来组织、完善、美化空间。

植物的绿色可以给人的大脑皮层以良好的刺激，使疲劳的神经系统在紧张的工作和思考之后得以放松，给人以美的享受。室内植物作为装饰性的陈设，比其他任何陈设都更具有生机和活力。

室内设计具有柔化空间的功能。现代建筑空间大多是由直线形构件所组合的几何体，令人感觉生硬冷漠。利用绿化中植物特有的曲线、多姿的形态、柔软的质感、悦目的色彩，可以改变人们对空间的空旷、生硬等不良感觉。

（二）设计种类

1. 室内植物

室内绿化设计就是将自然界的植物、花卉、水体和山石等景物经过艺术加工和浓缩移入室内，达到美化环境、净化空气和陶冶情操的目的。室内绿化既有观赏价值，又有实用价值。在室内布置几株常绿植物，不仅可以增强室内的青春活力，还可以缓解和消除疲劳。

室内植物种类繁多，有观叶植物、观花植物、观景植物、藤蔓植物和似植物等。假植物是人工材料（如塑料、绢布等）制成的观赏植物，在环境条件不适合种植真植物时常用假植物代替。

2. 室内水景

室内水景有动静之分，静则宁静，动则欢快，水体与声、光相结合，能创造出更为丰富的室内效果。常用的形式有水池、喷泉和瀑布等。

3. 室内山石

山石是室内造景的常用元素，常和水相配合，浓缩自然景观于室内的小天地中。室内山石形态万千，讲求雄、奇、刚、挺的意境。室内山石分为天然山石和人工山石两大类，天然山石有太湖石、房山石、英石、青石、鹅卵石、珊瑚石等；人工山石则是由钢筋水泥制成的假山石。

四、与环境共生的可持续发展的生态化室内设计思想和实践

20世纪80年代，国际上提出以"生态概念"理论为基础的各类研究，生态理念开始被运用在室内环境设计中，生态化室内空间环境的设计研究和实验同时展开。根据"生态概念"的设计理论，生态化室内设计应以生态平衡思想和整体有序、循环再生为原则，并把建筑及其内部环境放在自然—社会—经济的复合系统中考察，通过合理规划，追求人工环境与自然环境的最佳结合。所以，生态化室内设计强调使用自然材料，采用复合保温结构及温室、蓄热墙、种植屋面等，合理利用风力发电、太阳能集热和供电等，同时减少废物产生，节约能源与资源。

（一）关注室内环境质量的生态化室内设计实践

随着对生态理论的持续研究，欧、美、日等工业化发达国家逐渐把目光转向利用绿色材料和绿色技术来控制室内环境质量，如采用木材、树皮、毛竹、石头、石灰等天然材料作为室内环境的基本材料，并对这些建材进行检验处理，以确保其无毒无害使用热阻大的材料，降低室内外之间的热传递和热辐射，节约能源充分利用天然再生资源，节约资源室内尽量减少废物排放，减少污染等。

德国汉诺威按照"植物生态建筑"概念建了一个名为"莱尔草场"的住宅区，每栋楼房结构为砖木骨架，四壁用木材，朴实无华。居室里铺设麻织地毯或玉米皮、麦秆编织的地毯，沙发大都用纯棉布制成，图案雅洁，以简单的条纹、格子或碎花图案为主，甚至是纯色的，家具多采用不喷任何涂料的原木家具。

荷兰推行的"环保屋"在屋顶上铺草皮，四壁装有太阳能电池板，陶瓷管代替塑胶管做排水管，避免过多使用混凝土及乙烯基等化学材料，引雨水冲洗厕所，在室内设置了温度、灰尘、化学品、放射性毒素测量计，检测室内的空气污染情况。

（二）关注生态和生物多样性的整合设计实践

美国建筑师西蒙·凡·得·瑞恩是生态建筑设计的先锋之一，他认为，由于不可再生资源的紧缺，以及利用这些能源造成的环境问题，建筑师需要在"有限资源"的条件下进行"整合设计"，和谐利用各种资源。设计师要用一种整体的方式观察构成生命支持系统的每一种事物，在设计过程中学习自然界简单、高效的运行方式和自然系统多样稳定的特点，所以基于整合设计的室内环境将是高效率的、少能耗的，并与自然环境达到物质、能量循环平衡的可持续的室内环境。他在一幢老住宅的改建项目中，充分实践了上述整合设计的思想。首先，住宅室内采用多种能量来源，如热量来自窗户进入的太阳辐射、太阳能空气加热系统和烧木柴的壁炉。室内产生的废物以多种方式处理，如人的粪便放在堆肥马桶中，待完全分解后做土壤有机肥，小便收集起来用作富氮肥料，厨房的剩余食物喂鸡，鸡肥用于花园中。日常生活垃圾可用于堆肥或饲养蚯蚓用来喂鸡或喂鱼，蚯蚓排泄物也可以作为花园的肥料。这种多样化设计的另一个优点是系统中的每一个组成部分都倾向于行使相互交叠的功能，如从窗户引入阳光，既可取暖，还可作为太阳能收集器，并且同时让室内人员欣赏窗外的景色，而如果是用电暖器，则只能用来采暖。

根据这种设计思想进行的实践还有很多，如美国诺次大学设计建造了一座生态房，共四居室，全部热能来源于人体散热和阳光及家用电器设备产生的热量，家庭用电来自安装在凉亭上的风力发电机和太阳能电池，屋檐收集的雨水储存在地下室，经沙床过滤后供家庭使用，人体代谢废物被导入堆肥坑，发酵后供花园施肥。

（三）全面可持续的设计策略

从 20 世纪 80 年代至今，可持续设计的理论不断得到完善、细化，生态化室内设计理论也不断得到充实，生态化室内设计实践取得不少的成就。生态化室内设计的教育体系也逐渐形成，20 世纪 90 年代，绿色室内环境设计被列入美国院校的教学计划。美国的绿色建筑协会制定了能源与环保设计导则；加拿大发起绿色建筑挑战行动，采用新技术、新材料、新工艺，实行综合优化设计，使建筑在满足功能的基础上消耗最少的资源和能源，对环境的影响减到最小；日本颁布了《住宅建设计划法》，强调住宅生态设计的重要性；德国开始推行适应生态环境的住区政策，切实贯彻可持续发展战略；法国进行了改善住区环境的大规模改造；瑞典实施了"百万套住宅计划"，在住区建设与生态环境协调方面取得了令人瞩目的成就。

第三章 生态视角下环境艺术设计的形态及空间

作为组成人类居住环境空间的主要元素和结构，它们可以为着人类活动供应合适的空间环境和按照大小进行排序的空间组织，而作为设计环境艺术的思维因素，主要在环境艺术设计的形态方面（主要包含形状、光与影、颜色、材料），经验法则的内容主要包括三个方面：环境艺术设计、环境艺术设计与空间的关系。本章将会针对生态视角下环境空间设计的形态及其空间所涉及的理论进行深入探索。

第一节 环境艺术设计的相关形态要素

一、何为形态

何为"形态"，"形"指的是外在的"形状""形体"和"形式"，而"态"指的是事物本身的"状态""神态"和"仪态"，因此形态指的是事物在特定条件下的表现形式，它是由于一种或多种内因而通过外在来体现的结果。

二、环境艺术设计的相关形态要素

（一）尺度

尺度是针对事物的形式所开展的真实量度，指的是事物外在的长、宽和特定形式的比例；对于尺度起到决定性作用的是它自身的尺寸与周围其他形式之间的关系。

（二）形

针对在生活中人们可以看到的物体、光和影自身的大小、形状、颜色以及纹理等视觉感知会受到周围环境的影响。当我们在生活中见到它们的时候，可以把它们与周围的环境分离开来。透过视觉经验的不断积累，可以总结出，在设计过程中对于某个特定对象的形状来说主要包含：尺度、色彩、形状和肌理。

1. 形体

在环境艺术中，形式是一种具备建设性的形式元素。针对所有的对象来说，只要它是可以看到的，就会有一个特定的形式，而且是我们通过直接构建的方式所形成的对象。形态的基本要素主要包括点、线、面、体、形等。正是这些要素完成了对于空间的定义，并对于空间的基本形式和性质起到决定性作用，对于造型具有普遍性意义，也是构建形式的主要元素。

生活环境中所存在的所有实体的外在的形式分解都可以抽象地划分为点、线、面、体四个基本元素。但它们却并不属于几何范畴当中的概念。它们属于人类视觉感知环境当中所存在的点、线、面、体，在整个建模过程中有着普遍性意义。

（1）点。

通常来说，形的原生元素正是点，由于它的体积较小，所以它的主要特征是位置。同时在环境形态当中最基本的要素正是点。它与字母是类似的，都有着属于自己的表情。表情的主要作用在于给予观者所带来的感受作为参考。比如，按照一定顺序进行排列的点会让人有一种严正感；而以分组形式来组合的点往往给人带来韵律感，对于做过相应布置的点会给人带来对称与均衡感；而由众多小点所环绕的大点，会让人产生重点感和引力感；对于一些大小处于渐变过程的点，会让人产生动感；而处于混乱无序的点，会让人产生神秘感等。

因着点的数量和位置不同会让人内在的心理感受也会有所不同。当一个单独的点没有处于一个面的正中心时，那么它自身以及所在范围就会感觉更活泼一些，变得很有动感。

如果按照一定的规律来对于点进行排列，人们会依照它所特有的恒久性以连接的方式形成一个虚的形态；随着点越来越密集，达到一定的程度时，就会形成一个独立于背景以外的虚面；伴随着点集中和互相的联合，会形成一个由外部的轮廓所构建而成的面；针对点在排列时所处的位置若正好与人们生活中所熟知的形态比较相似的话，人们就会习惯性地把这些点进行自发性连接，然而那些毫无规律的点则会维持它的独立性。

在现实环境中，通过两点构图的方式就可以成为某种特定的方向，从而构建出三个截然不同的秩序：水平布置、倾斜布置和垂直布置。通过两点构图可以成为构图过程一条特定的、无形的主轴，还可以通过两点连线的过程来建造空幕。

透过三点进行构图，不仅可以产生平列、斜列和直列，而且包括曲折和三角阵。针对四点构图来说，除了有以上所说的布置以外，最为核心的地方在于可以形成方阵构图。对于点的构图进行拓展以后，会慢慢铺展出更为广阔的面所产生的感觉就被称作是点的面化。

（2）线。

点的在不断线化的过程中，最终将会成为一条线。在几何学中，线被定义为"点移动的轨迹"，而面与面的交界处与交叉处也会形成一条线。

在生活环境当中，只要可以产生有着感觉实体的线，都可以把它们划归到线的范围当中，这种实体需要靠着它自身与周围形状进行对比的过程中方可产生线的感觉。从比例方面而言，对于线的长与宽之间的比例，一定要大于10：1，若是长度过短或宽度过宽才会感觉到点或面的存在。

依照人的视觉感受来说，线条可以划分为两种：实际线或轮廓线和虚拟线。实际线主要包括一些线的边缘线、天际线、分界线等，都会让人产生直接且明确的视感；虚拟线主要包括轴线、构图线、动线、解析线、造型线等，也可以看作是一种经过抽象理解后的结果。

在我们日常生活的环境当中，线条主要分为两种：自由线形和几何线形。自由线形主要是通过环境特别是自然环境当中所存在的地貌树木等要素——来进行体现。

几何线形主要有两种：直线、曲线。直线的类型主要包括折线、交线、平行线、虚线，还可以划分为水平、垂直和倾斜三种；曲线的类型主要包含：弧线、椭圆、旋涡线、圆、抛物线、双曲线以及任何封闭的曲线。

在设计环境艺术的过程中，因线形自身的不同产生的视觉观感也会有所不同。水平线会让人产生平稳的、安定的横向感。

垂直线是通过重力传递线来作为标准，它会让人感受到力的存在。对于人的视角而言，其水平方向比垂直方向要大很多。当垂直线处于较高的位置时，人唯有通过仰视来看，方可产生一种向上的、挺拔的、崇高的感觉。尤其是一组处于平行状态下的垂直线，在经历透视后就会呈现出束状，使得高耸、崇高的感觉进一步加强。除了这些，当有大量的垂直线在不是很高的位置横向排列的时候，因为受到透视的影响，线条会变得越来越矮、越来越密，同时也会让人产生严正、景深和节奏感。

倾斜线，带给人的感觉往往是不安定和动态感，而且存在着多种变化的。它通常是因为地面的起伏不平、屋面、楼梯等方面造成的，在设计的过程中用的次数比起水平线和垂直线还是要少的，正因为这样所以更应当仔细地考虑它在生活中的应用，而不应当刻意地消除倾斜线。

曲线，往往会带来与直线截然不同的联想和感受，比如常见的抛物线会让人觉得流畅且悦目，带有一定的速度感；旋线，往往会让人产生生长感和升腾感；圆弧线则会带来稳定和规整，产生向心的力量感。

（3）面。

透过几何的概念来看的话，线在不断展开的过程中形成面，有着一定的长度和宽度，但是却不存在高度，它也可以被理解为体或空间的边界面。整个面的表情主要是通过面范围内所存在的一切线及其轮廓线的表情所决定的。

面主要分为两种类型：几何面、自由面。进行环境艺术设计过程中涉及的面主要由平面、斜面和曲面组成。

在特定的环境空间当中，最为常见的是平面，生活中大多数的墙面、家具和小物品等造型主要都是通过平面来展现的。虽说平面的表情会让人觉得呆板、生硬、过于平淡，但历经一定的组合和安装以后就会显示出生动的、有趣的整合效果。

斜面，可以使一个规整的空间带来更多的变化和生机。处于视平线以上的斜面会让人产生更多的亲切感；以方盒子作为基础的前提下再增加倾斜角，坡度较小的斜面所构建的空间则会显示出极强的透视感，凸显出高远；处于视平面以下的斜面，时常会在使用功能方面显示出极强的引导性，并产生一定的动势，使得原本稍显呆滞的空间瞬间流动起来。

曲面，可以深层面地分解为几何曲面和自由曲面，它既可以在水平方向来展开（比如填满整个空间的拱形顶），也可以从垂直方向来进行（比如处于悬挂状态的窗帘、帷幕等），它们时常会跟联合起来发挥相应的作用，一起为空间带来更多的变化。至于曲面内侧的区域感还是较为明显的，带给人更多的安定感；而从曲面的外侧来看，可以更多地感受到它对空间和视线的引导。

（4）体。

体，是面经过平移或线经过旋转过程中的轨迹，有着三个量度，分别是长度、宽度和高度，显示出的是有实感、三维的形体。体通常带给人空间感、稳定感和重量感。

环境艺术设计过程中，时常会用到的体主要分为两大类：几何形体和自由行体。一些较为规整的几何形体主要分为三类：直线形体、曲线形体、中空形体，直线形体的代表是立方体，有着朴实、坚实、大方、稳定的内在性格；曲线形体中的代表是球体，带给人柔和、丰富、饱满、动态的感觉；对于中空的形体，主要的代表有中空圆柱、圆锥体，椎体展现出的表情为挺拔的、坚实的、向上且稳重的性格，具备着一定的安全感和权威性。

一些相对比较随意的自由形体，主要代表有以自然和仿自然的风景要素制作出来的形体，岩石有着坚硬的骨感，柔和的树木，都有着质朴之美。

所谓的环境造型，时常并非指形式单一的简单形体，相反的，会通过众多排列组合的方式。目前形体组合的主要方式有以下四种。

①把组合进行分离。此组合方式通过点的构成来完成构建，最为常见的排列方式有辐射式排列、脉络状网状布置、二元式中心排列、节律性排列等。彰显出成组、对称和堆积等特征。

②拼联组合，使用不同的形体依照不同的方式所完成的拼合。

③咬接构成。通过有机重叠的方式来完成两个体量之间的交接。

④插入连接体。针对一些不方便咬接的形体，可以尝试在物体之间放

入一个连接体。

2. 形状

形状，属于形式范畴中可用来辨认形态的主要方式，是建立在形式的外表和外轮廓基础上的一种特定造型。

以上所说的主要形态要素针对的都是单个物体，但针对空间艺术范畴中的环境艺术来说，透过整体的视角来看，与环境艺术设计相关的形态要素有着更广阔的空间，主要包含四个方面：形体、材质、色彩和光影。

（三）色

1. 色彩

色彩，指的是停留在形式表面的明度、色相和色调彩度，是一个可以最清楚区别周围环境的属性。而且，它对形式的视觉重量也会受到一定的影响。

作为环境艺术设计过程中最为活跃、生动的因素——色彩，可以产生一些特别的心理效应。

（1）色彩三要素。

色彩的三要素主要包括色相、明度和纯度。

色彩外部所体现的表象特征，也就是色相，通俗来说，何为色相，指的是可以针对某种颜色的色别名称进行确切地表示。针对可视光线中能够针对每种波长的范围进行辨别的视觉反应的一种称谓。色相有着与色彩一样的重要特征，色彩的物理性能对于色相起着决定性作用，由于光有着不同的波长，所以某个特定波长的色光就会表现出相应的色彩感觉，透过三棱镜的折射，色彩的这种特性会通过有序的方式排列出来，人们凭借着这种规律性，做出了完整的色彩体系。色彩体系的基础在于色相，也是我们了解各种色彩的基础所在，有人把它称为"色名"，是我们通过语言的方式来完成对色彩认识的基础。

明度，指的是色彩本身明暗的差距。色相不同的颜色，其明度也会有所不同，其中黄色的明度高，明度低的有紫色。有着相同色相的颜色也会在深浅方面有一些变化，比如生活中的柠檬黄的明度比橘黄的明度高一些，粉绿色的明度比翠绿色明度要高一些，朱红比深红的明度要高一些等。在各种颜色中，白色的明度最高，黑色的明度最低，中间会留下一个从亮到暗的灰色系列过渡。在所有的彩色当中，各种颜色的纯色度都有着属于自身的特定的明度特征，比如明度最高的颜色是黄色，被放在光谱中间的位置，明度最低的颜色是紫色，被放在光谱的边缘位置。

纯度，又被称作是饱和度，指的是色彩本身鲜艳的程度。对于色彩所包含标准色成分的具体数值起到决定性作用的是纯度的高低。在我们生活的自然界，由于光色、空气和距离等因素的不同，都会对色彩的纯度产生影响。比如，距离较近的物体，外在的色彩纯度就会高一些，距离较远的物体色彩的纯度就会低一些；距离近一些的树木的叶子色彩大多都是鲜艳的绿，而距离较远的树木的叶子看起来就显得灰绿或蓝灰等。

（2）色彩的情感效应。

色彩自身的情感效应及其所代表的颜色见表 3-1-1。

表 3-1-1　色彩的情感效应

色彩情感	产生原理	代表颜色
冷暖感	冷暖感本来是属于触感的感觉，然而即使不去用手触摸而只是用眼看也会感到暖和冷，这是由一定的生理反应和生活经验的积累共同作用而产生的。 色彩冷暖的成因作为人类的感温器，皮肤上广泛地分布着温点与冷点，当外界高于皮肤温度的刺激作用于皮肤时，经温点的接受最终形成热感，反之形成冷感	暖色，如紫红、红、橙、黄、黄绿；冷色，如绿、蓝绿、蓝、紫
轻重感	轻重感是物体质量作用于人类皮肤和运动器官而产生的压力和张力所形成的知觉	明度、彩度高的暖色（白、黄等），给人以轻的感觉，明度、彩度低的冷色（黑、紫等），给人以重的感觉。按由轻到重的顺序排列为：白、黄、橙、红、中灰、绿、蓝、紫、黑
软硬感	色彩的明度决定了色彩的软硬感：它和色彩的轻重感也有着直接的关系	明度较高、彩度较低、轻而有膨胀感的暖色显得柔软。明度低、彩度高、重而有收缩感的冷色显得坚硬

色彩情感	产生原理	代表颜色
欢快和忧郁感	色彩能够影响人的情绪，形成色彩的明快与忧郁感，也称色彩的积极与消极感	高明度、高纯度的色彩比较明快、活泼，而低明度、低纯度的色彩则较为消沉、忧郁。无彩色中黑色性格消极，白色性格明快，灰色适中，较为平和
舒适与疲劳感	色彩的舒适与疲劳感实际上是色彩刺激视觉生理和心理的综合反应	暖色容易使人感到疲劳和烦躁不安；容易使人感到沉重、阴森、忧郁；清淡明快的色调能给人以轻松愉快的感觉
兴奋与沉静感	色相的冷暖决定了色彩的兴奋与沉静，暖色能够促进我们全身机能、脉搏增加和促进内分泌的作用；冷色系则给人以沉静感	彩度高的红、橙、黄等鲜亮的颜色给人以兴奋感；蓝绿、蓝、蓝紫等明度和彩度低的深暗的颜色给人以沉静感
清洁与污浊感	有的色彩令人感觉干净、清爽，而有的浊色，常会使人感到藏有污垢	清洁感的颜色如明亮的白色、浅蓝、浅绿、浅黄等；污浊的颜色如深灰或深褐

（3）色彩、基调、色块的分布以及色系。

在为室内的某个空间设计色彩方案时，一定要把设定的色彩、基调以及色块的分布考虑在内。方案本身不单单可以使空间的目的和应用得到满足，而且还要考虑到建筑自身的个性。

色系就像是一本内容完备的"配色词典"，近乎全部图标的识别工作都可以由它来为设计师提供。因为在色系当中色彩是按照特定的顺序进行排列、组织的，所以，它可以提高设计师在使用和管理方面的效率。可是，色系所提供的只是有关色彩在物质性质所取得的研究成果，在实际的设计应用当中，还需要对于色彩的生理和心理作用，以及相应的文化因素都要细心考虑。

2. 光

与环境艺术设计相关的形体、色彩、质感的外在表现都与光的作用息息相关。光本身既有一定的美感，又有一定的装饰作用。这里所说的"光"的概念并不是物理范畴中提到的光现象，而主要指的是构建在美学层面上的光现象。在环境艺术设计当中，光所起的作用主要有三个方面。

（1）作为照明的光。

针对环境艺术设计来说，照明是作为光的基本作用。适当的光照也是我们日常工作、学习和生活中不可或缺的条件，所以设计环境艺术的过程中，针对人工照明和自然采光的问题应当进行细致的考虑。

生活环境当中的照明方式主要包含泛光照明（指的是使用投光器投射到环境中某个空间界面，以保证其亮度大于周边环境的亮度。此方式可以对空间进行塑造，使得空间更有立体感）、灯具照明（通常指的是使用白炽灯、镝灯，或者是使用射灯）、投射照明（指的是借助与室内照明和一些发光体的特别处理，使得光通过门窗、洞口来完成室外空间的照明）。

在借助光实现照明的时候，需要考虑到这些因素：①空间环境因素，主要包含空间的位置以及各种构成要素的形状、色彩、质感、位置关系等；②物理因素，主要包含光的颜色和波长，被照射空间的大小和形状，空间里介质的反射系数、平均照度等；③生理因素，主要包含视觉工作、眩光、视觉功效、视觉疲劳等；④心理因素，主要包含照明的方向、照明的构图与色彩效果、明与暗、视觉感受、静与动等；⑤经济和社会因素，照明所需的费用与节能，区域内有关用电安全规定等。

（2）作为造型的光。

光，不单单可以用于照明，还可以用来作为针对装饰形与色的造型手段的一种辅助，进而营造出一个美好的环境。光可以对形与色进行修饰，把原本看起来较为简单的造型和色彩变得丰富多彩，并能在深层面影响和改变人们在面对形与色时所产生的视觉感受；同时它还可以给予空间鲜活的生命力（好像是灵魂深藏于肉体），营造出不同的环境氛围等。因着真实环境所带来的庄重感、雕塑感和典雅感，使得人们意识到了光影效果的重要性：来自环境当中的真实的部件所产生的立体感、各个空间之间的相互关系是由它外在的形状、表面的肌理、表面质感、造型特点所决定的，若是整个过程没有光的参与，这一切都将无从谈起。

（3）作为装饰的光。

光，不单单针对形体和质感起到辅助表现的作用，而且有一定的装饰作用。因着光本身的种类、位置、照度的不同，使得表情也会有所不同，光和影的合作可以构建出优美且含蓄的构图，营造出饱含着各种情调的不同气氛。空间经过光的"装饰"以后，使得环境不会显得单调乏味，反而营造出充满梦幻的意境，让人流连忘返。在针对舞台进行美术设计的过程中，投射在舞台上形色各异的灯光成为装饰造型的极佳元素。

与"见光不见灯"完全相反的"见灯不见光"的灯自身所起到的装饰作用来看，只需把光源安置在合适的位置上，即便没有开灯，灯具外在的造型也是一种很好的装饰。

（四）质感

质感，指的是外在形式所展现出的表面特征。对于形式表面的接触点和反射光线的特质产生影响的是材质。

一般意义上的质感，指的是因材料自身的肌理及色彩等特质与人们生活的经验相契合时内心所产生的对于材质本身的感受。所谓的肌理，指的是材料外在表面因内部的组织结构而形成的一种有序或混乱的纹理，这里面也包括材料再加工过程中所产生的图案及纹理。

各种的材料都会有它与众不同的特质，因材料肌理的不同使得产生的质感也会有所不同，传递出的表情也不一样。由生土所搭建起的建筑带给人简约、质朴的感觉；较为粗糙的毛石墙面会带给人自然、原始的力量感；由钢结构搭起的框架会让人产生精确、坚实和刚正的现代感；由玻璃幕墙和清水混凝土融合而成的表面通常会让人感觉到冰冷、生硬且缺乏人情味，有着明显模板痕迹的混凝土表面则会显示出人工所能给予的粗野的、雕塑感的新特征；皮毛或针织地毯往往彰显出温暖、雍容华贵的性格；木地板带给人温馨、舒适的感觉；磨光的花岗岩地面则会传递出豪华、严肃、坚定的表情。

肌理美是审美过程中材质的主要体现，也是进行环境艺术设计过程中较为重要的表现性形态要素。在人们与环境不断接触的过程中，肌理对于人内在的心理和精神层面起到引导和暗示的作用。

材料本身所特有的色彩、光泽、明度、软硬、冷暖、形态、纹理等因素成为其质感的具体表现，使得材料各有各的特点，变幻莫测。整体可总结为：光滑与粗糙、透明与不透明、深厚与单薄、坚硬与柔软等最基本的内心感觉。材质特性主要包含以下几个方面。

第一，材料质地主要划分为视觉质感和触觉质感。

第二，材质本身带给我们的不单单是肌理方面特有的美感，还可以在空间中加以运用，从而产生空间的伸缩与拓展的心理感受，并配合创作意图来完成对于主题的渲染。针对材料本身所特有的属性——质地，可以使用它来进行装修和点缀，赋予空间更深厚的内涵。

第三，材料的材质，主要包含天然材质和人工材质两类。❶

第四，在我们对质地的感觉方面产生影响的主要因素有：尺度大小、视距远近和光照。

第五，光照会对我们在质地方面的感受产生一定的影响，同理，光线也会受到所照材料的质地影响。当直射光以斜射的方式照到有质地的表面时，我们的视觉质感会得以提高。透过光线的漫反射会对实在的质地产生削弱的作用，甚至会使它的三维结构变得模糊不清。

除此以外，与材质密切相关的要素还有图案和纹理，我们可暂时把材质看作是临近要素：图案自身的特征主要包括：①是一种针对表面所进行的点缀性或装饰性设计；②图案一直在围绕着设计的主题进行重复，因图案的重复性得以凸显出装饰表面的质地感；③图案本身既有着一定的构造性，又有一定的装饰性。所谓的构造性的图案，指的是材料内在的特性以及历经制造加工、生产工艺和装备组合之后产生的结果；装饰性图案则是在构造性过程结束后单独添加上去的。

（五）嗅觉

环境中的嗅觉，主要指的是来自草木的芬芳，还有就是，比如你站在海边的时候，味觉可以品尝出海水有淡淡的咸味等。在中国的古典园林当中，植物的香景一直深受大家的喜爱。远在欧洲，透过柏拉图的谈话，从中也可以找到希腊民主制度下的公共花园，市民们会来到树荫下，泉水与小路旁，之后又开垦出大片的绿地。人们细细地嗅着草的馨香气息，吮吸着新鲜的空气来花园里散步、游园、锻炼、静心等活动。因此，当我们在公园与广场开展环境艺术设计时，尽可能地远离各种污染源、清除污染源，还要及时地消解环境使用后的死水以及产生卫生死角的可能性，对于环境的保护要做好充分的考虑。

---

❶ 天然材质包括石材、木材、天然纤维材料等；人工材质包括金属、玻璃、石膏、水泥、塑料等。

除此以外，身处室内环境的时候，尤其是大型的公共空间比如大型的商场，在设计的过程中一定解决好散热、通风等问题。尽可能使用环保型材料，减少有害气体的挥发排放。好使人们更好地投入到上班、娱乐、上学、交往、休憩、交谈、购物、游戏、锻炼、散步、候车等活动当中。

（六）声音

声学设计的基本作用在于提升音质的质量、减少噪音所带来的的影响。正如大家所熟知的，声音是通过物体的振动发出的。当声波传播到环境中的构件（比如墙、板等）时，一部分的声能将会被反射回去，另一部分声能将会穿过构件，还有一部分声能将会转化为其他形态的能量被构件自身所吸收。所以，要想使噪声得以减少，设计师就一定要对声音自身的物理性质和建筑本身的隔音和吸音特性进行了解，方可对于声环境质量进行有效控制。

要想创造出一个音质优美的环境，起到决定作用的有三个方面。第一，声音要清晰、适度；第二，吸收程度不一样的结构与材料（对于声音反射量的大小、方向、分布、回声与降低噪音的清除）；第三，所处空间的形状与容积。

第二节 环境艺术设计与空间的关系

一、空间的属性

（一）空间的物质属性

空间的物质属性主要是指空间的基本使用功能。空间是人类活动和生存的栖息地。它是满足人们基本活动的一种身体状态。为了避风避雨，抵御严寒酷暑，防止其他自然现象或野生动物的入侵，原始人类最早用树枝和石头形成了自己的栖息地。此时，空间的功能非常简单，感性而直观。

随着人类社会文明的发展和社会科学技术的进步，人们已经从被动适应转变为利用科技手段来创造和满足生活中各种活动所需要的空间功能需求。例如，通风、采光、声环境、消防等相应设备科学性与合理性的应用，设计结构、施工工艺、材料等方面技术性的安排。

现代空间为人们的室内外各种活动提供了相应的场所和服务，能满足人们各种活动条件的要求，具有使用上的便利、健康、安全、舒适之感。例如，室外空间中，广场、公园等具备可供人们进行集会、散步、游戏、交谈、野餐等使用功能的空间；居住区中的绿地、庭院是人们晨练、儿童嬉戏、居民交流的理想场所；室内的居住空间，为人们建立了可以在其中休息、娱乐、待客的空间且具有独立的、自由的私密性特点。

（二）空间的精神属性

空间的精神属性主要指的是在满足使用功能空间环境的基础上引发人的心理与审美、精神文化方面的效应。

人是空间的使用者，是空间的主体。空间的形成和存在的最终目的是为人们提供适宜的生活和活动场所。因此，在空间设计的过程中，要充分考虑使用者各方面的需求，以人的主体性作为设计的出发点和归宿。随着生活水平的提高，人们不仅满足于物质条件，而且越来越把享受精神生活作为一种重要的追求。由此，空间的发展也从人们基本的生理需求转向更高层次的心理与精神需求方面发展，更加看重空间环境的美感及其中所蕴含的文化意蕴。因此，现代空间设计高度重视人性化的表达空间和创造美，并使它呈现一个氛围，触发一个意境，并创建一个环境，符合一定的文化内涵和特定的精神需求，以刺激人们的情感和情绪，使人感到舒适和快乐，从而提高和完善人们的生活质量，在现代空间环境中实现对精神品位的追求。例如，由贝聿铭先生主持设计的香山饭店，利用一种现代的语言形式来诠释传统的建筑艺术的文化，体现出了深厚的人文积淀，把中国古典建筑艺术、园林艺术、环境艺术完美结合，让空间的使用者能够充分感受到传统文化的艺术魅力，满足人们精神上的审美要求。空间内部院落相间，阳光透过玻璃屋顶浑洒在绿树荫的厅内，明媚而舒适，山石、湖水、花草、树木与白墙灰瓦式的主体建筑相映成趣，这一切都能让人感受到大自然的意境，同时也满足了人们回归自然的心理需求（图3-2-1）。

图 3-2-1　香山饭店

二、空间的组织

（一）空间的基本关系

1. 包容关系

包容关系，指的是在一个相对狭小的空间中被囊括在一个更多的空间的内部，这是针对空间所做的二次限定，也可以称为"母子空间"。二者不仅存在着空间的联系，还存在着视觉上的联系。因着空间上联系使得人们在针对行为所做的联想成为一种可能，而视觉上联系有助于视觉空间进一步拓展，同时还可以带动人们在心理与情感层面展开深入的交流。通常而言，子空间与母空间在尺度方面有着明显的不同，若子空间的尺度比较大的话，会致使整个空间显得过度压抑和局促。为了使空间的形态得到丰富，可通过改变子空间的形状和方位来实现（图 3-2-2）。

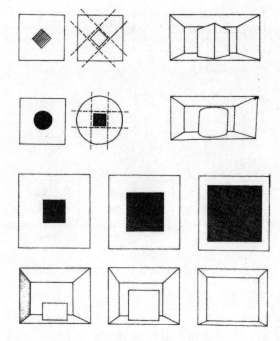

图 3-2-2　空间的包容关系示意图（摹绘：赵建勋）

2. 穿插关系

所谓的穿插关系，指的是两个在空间上处于相交、叠加过程中所形成的空间关系。因着空间的互相渗透会形成一个名为"公共空间"的部分，同时彼此还保持着各自的完整性和独立性，透过彼此之间的沟通，形成一个互通有无的场景。至于两个空间各自的形状和体积，既可以是相同的，也可以是不同的，它们各自插入的方式和位置关系也可以是不一样的。空间渗透的表现形式主要有三种。

（1）两个空间互相插入对方的部分属于双方共同拥有的部分，好使二者产生亲密的关系，而共同部分空间的特性则是由两个空间自身的性质经过融合后所形成的。

（2）两个空间互相穿插的部分为其中的一个空间所有，同时也是这个空间整体中的组成部分。

（3）两个空间互相穿插的部分独立成为一体，有着独立的空间，连接着两个空间（图 3-2-3）。

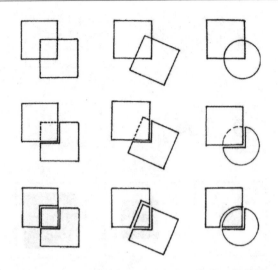

图 3-2-3 空间的穿插关系示意图（摹绘：彭雅娟）

3. 邻接关系

所谓邻接关系，指的是两个处于相邻关系的空间却有着共同的接口，可以进行互相的关联。空间组合关系最基本、最常见的空间组合关系正是邻接关系。它既能保证空间维持其自身的独立性，又可以保持彼此之间的连续性。而它的独立性和连续性主要取决于相邻两个空间的界面的特征。针对界面来说，既可以是实体，也可以是虚体。比如实体通常可选择使用墙体，而虚体可选择使用列柱、家具、色彩、材质的变化、界面的高度等进行设计（图 3-2-4）。

4. 过渡关系

所谓的过渡关系，指的是两个独立的空间之间需要通过第三个空间来完成空间关系的连接和组织，第三个空间或称之为中介空间，对于所连接的两个空间主要起到一个引导、缓冲和过渡的作用。与被连接空间的尺度、形式作为参照的化，它既可以是完全相同的，也可以是相近的，从而带给人空间层面的秩序感；还可以是跟被连接空间的形式完全不同的，来显示它的作用。若过渡空间比较大，就可以主导这个空间，并具备把其他的空间引导至它身边的能力。

过渡空间的形式和方位需要把联系空间的形式和朝向作为依据来进行确定（图 3-2-5）。

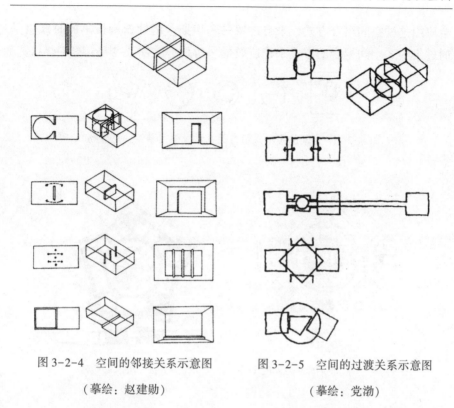

图 3-2-4　空间的邻接关系示意图　　　图 3-2-5　空间的过渡关系示意图

（摹绘：赵建勋）　　　　　　　　　　（摹绘：党渤）

（二）空间的组合

1. 集中式空间组合

集中式空间组合一般情况下会通过一种比较稳定的向心式构图来进行展现，它会把一个空间母体看作是主结构，其他的各种的次要空间以这个占据主导位置的中心空间作为核心来进行组织。而位于中心位置的主导空间通常都是比较规则的形状，比如圆形、方形或多角形等，而且要有特别开阔的空间尺度，好使若干个次要空间可以围绕在它的身边；对于次要空间来说，它自身的功能、体量既可以是完全相同的，也可以是完全不同的，从而更好地适应不同的功能和环境。一般情况下，集中式组合没有一个确定的方向，对于它的入口及引导部分大多数都会在某个次要空间中来进行，针对交通路线，可以选择辐射式和螺旋式等。此种空间组合方式更多会在酒店、办公建筑等共享空间加以应用，而大多数的西方传统教堂也会应用这种空间组合方式。来自古罗马和伊斯兰的建筑师最早的时候也是通过集中式空间组合的方式来建造教堂、清真寺（图 3-2-6~图 3-2-8）。

图 3-2-6　空间的集中式组合关系示意图（摹绘：赵建勋）

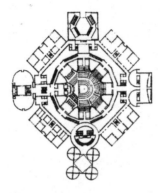

图 3-2-7　孟加拉国议会大厦平面　　　图 3-2-8　法尔尼斯宫

2. 线式空间组合

线式空间组合，指的是通过一些形式、尺寸、功能性质和结构特征完全相同或相似的空间重复出现的方式搭建而成。也可以把一系列尺寸、功能和形式各不相同的空间通过一个沿轴向的线式空间来完成组合。

在进行组合的过程中，具有重要性的空间比如功能方面或象征方面，可以在序列的任何地方反复出现，通过它们自身独特的尺寸或形式来显示其重要性；还可以通过不断强调它们所处的位置，比如处于线式序列的端点、偏移于线式组合，或者是位于扇形线式组合的转折之上。

作为线式空间组合，其最显著的特征是"长"，所以，它所传达出来一种方向性的，还有着一定运动、延伸、增长的意义。为了使它的延伸得到一定的限制，线式组合可选择暂时停止一个主导的空间或形式，或者是选择停止一个有着独特设计且清楚写明的空间，也可以选择融合别的空间组织形态或地形、场地。这种简单、快捷的组合方式，一般比较适用于教室、幼儿园、宿舍、住宅单元、旅馆客房、医院病房等建筑空间

（图3-2-9、图3-2-10）。

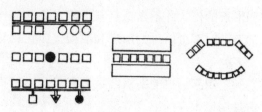

图3-2-9 线式空间组合示意图（摹绘：彭雅娟）

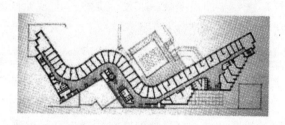

图3-2-10 朝向村庄街道的台地式住宅

3. 放射式空间组合

放射式空间组合方式有着集中式和线式空间所特有的特征。它的组成部分为：一个占据主导位置的中心空间和多个向外呈放射状处于不断拓展的线式空间。

集中式空间形态属于一个呈向心排列的聚集体，而放射式空间组合方式当中的中心空间通常情况下是规则的，它的反射状分支空间相关的结构、尺度和功能既可以是相同的，也可以是不同的；长度处于不断变化的状态，来适应环境不同带来的变化。放射式空间组合存在着一种独特的变体，也就是"风车式"图案形态。它周边的线式空间会围绕着比较规则的中央空间的各边不断向着外边延展，最终成为一个颇具动感的"风车"图案，看上去像是在不断地旋转。

4. 组团式空间组合

群体空间的外在形式是把周边的各个小空间紧致地连接起来，成为一个群体空间。各个小空间的功能通常都是极为相似的。教科文组织总部秘书处所在的大楼在外形和朝向方面有着一样的视觉特征，只是它也可以尝试使用维度、形式和功能都不一样的空间来进行组合。这些空间市场需要依靠着彼此之间的紧密连接和一部分视觉规则比如对称轴来完成关系的建立。由于组合空间形态的模式并不是出自某个特定的几何概念，所以空间是处于变化状态的，随时都可以进行加增和改变，而它自身的特点却不受影响。

因为组团式空间组织所形成的平面图中没有对其中的重要位置进行确定，所以一定要透过图形本身的形式、尺寸或朝向方可凸显出某个空间所具备的独特意义。当图形中有对称轴线出现的时候，可用来完成对于组团式空间组织的局部进一步加强和统一，使得某个空间或空间组群所具有的重要意义得到进一步加强和完整的表达。

5. 网格式空间组合

在网格式空间组合当中，其空间所处的位置和互相之间的关系是由一个三度网格图案或三度网格区域来进行控制的。通过图形自身的规则和连续性来彰显网格的组合力，并巧妙地融合在所有组合要素当中。

在一个空间当中，由一些参考点和参考线所搭建的图形会带出一种稳固的位置或稳定的区域。借助于这种图形，使得网格式空间组合得以共享彼此的关系。所以，即便网格组合空间的形状、尺寸或功能都不一样，它们仍然可以组合为一个整体。建筑当中的网格往往是由梁和柱所组成的框架结构体系来进行表现的，在网格范围以内，既可以通过独立实体的方式来显示空间，也可以通过重复的网格模数单元来显示。不论处于区域当中的空间怎样进行布置，只要它们在众人眼中被看作是一种"正"的形式，随即就会出现一些次要的"负"的空间。因为网格是通过重复的模数空间搭建起来的，所以空间是可以进行增加、削减或层叠，然而网格自身的同一性却没发生变化，仍然有能力进行空间的组合。

三、室内环境设计与空间的关系

（一）空间的类型

1. 结构空间

任何室内空间都是由某些承重构件组成的。这些结构组成部分反映了科学技术发展的时代进程。通过对这些外露结构的处理，可以实现结构与室内内部美学的完美结合，使人们能够充分欣赏和理解由结构构思和施工工艺所形成的空间环境之美。

2. 共享空间

一般是在较大型的公共空间中设置的中心空间，其高大和开敞对其他空间起到了一种连接、交通枢纽的作用，空间强调流动性、渗透性与交融性。其内部常设有多种设施，例如休息设施、服务设施等，是综合性、多用途的灵活空间。在空间景观处理上，注意相互交错、内中有外、外中有内，常把室外一些自然景象引入到室内来，如假山、流水、绿色的植物等，整体空间富有动感、情趣，满足了现代人的物质和精神的需求。

3. 母子空间

母子空间是空间二次分割形成的大空间中包容小空间的结构，它主要通过一些实体性或虚拟象征性的手法再次限定空间，形成楼中楼、屋中屋的空间格局。既满足了功能要求，又丰富了空间的层次。子空间往往都是有序的排列而形成一种有规律节奏的空间形式，使得空间使用者既能保证相对独立性与私密性，又能方便地与群体中的大空间沟通。

4. 开敞空间

开敞空间是一种外向性的空间形式，其限定性和私密性较弱，兼有公共性与开放性的特点。在空间感上，开敞空间是流动的、渗透的。通常更多的是借助室内外景观扩大视野，强调与周围环境的交融，并有一定的趣味性。在功能使用上灵活性较强，能根据功能需求的变化来改变室内格局；在心理效果上，表现为开朗、活跃、有接纳性的特点。

5. 封闭空间

所谓的封闭空间，指的是通过固定的围护实体所圈定出来的空间。相比于其他空间，封闭空间在视觉、听觉和空间方面的连续性很小，有着强烈的隔离性；在空间性格和景观关系层面上，封闭空间有着一定的内向性和拒绝性，还会有比较强烈的领域感和秘密感；常常会给人的心理带来安静、严肃和安全感。在这种空间停留的时间过长的话，就会让人产生闭塞、枯燥的感受。为了使空间氛围得到适当调节可尝试使用人工景窗、镜面、大幅场景挂画等设计方式来扩增空间的层次。

6. 动态空间

所谓动态空间，是指从心里与视觉上给人以动态的感受。空间形态上，往往具有空间的开敞性和视觉的导向性特点，空间组织灵活多变；在界面组织上，具有连续性与节奏感，常利用对比强烈的色彩、图案以及富有动感的线性作为装饰元素；在空间氛围的营造上，常把室外流动的溪水、瀑布、富有生机的花木、阳光乃至动物引入环境中来；同时，还可以借助交错的人流、生动的背景音乐、闪动的灯光影像等来表现空间的动态感受；在设施的设置上，常利用机械化、电气化、自动化的设备如电梯、自动扶梯、旋转地面、活动展台、信息展示等形成丰富的空间动势。

7. 静态空间

所谓的静态空间，是通过与它相对的动态空间来说的，通常来说静态空间的外在形式较为稳定，构建方式比较单一，时常会通过对称、离心、向心等构图方式来进行设计，从而实现静态平衡；空间具有较为强烈的限定性，大多数偏向于封闭型。大部分都属于尽端空间，也就是空间序列的终端，有着很强的秘密性。所以，不会轻易受到来自其他空间的干扰和影响；空间比例的设计比较适中，色彩淡雅、光线柔和、造型简单，很少出现一些复杂的与视觉冲击力较为强烈的造型元素。

8. 虚拟空间

虚拟空间主要是依靠观者的联想和心理感受来划定的一种空间形式，也称"心理空间"。这种空间没有明确的隔离形态，限定感较弱，它往往存在于母空间中，既与母空间相互流通而又具有相对独立性和领域感。虚拟空间常借助各种隔断、家具、陈设、水体、绿化、照明以及不同色彩、材质、高低差等作为设计元素进行空间的限定。

9. 悬浮空间

在较大、较高的空间中，其垂直方向上采用悬吊、悬挑或用梁在空中架起一个小空间，给人一种"悬浮"感。悬浮空间由于底面没有支撑结构，因此可以保持视觉的通透完整，使低层空间的利用更为灵活。空间形式感也更加别致和与众不同，具有一定的趣味性。

（二）空间的分隔

在室内空间环境设计中，要想满足使用者对不同空间、不同区域的功能要求，满足人们对艺术和审美的要求，空间的分隔在其中起着不可或缺的作用。各类建筑及空间都有其自身的功能特点，在进行室内空间的分隔时，要符合其自身规律和要求，并选择适当的分隔方式。

1. 空间分隔的方式

（1）绝对分隔。

绝对分隔是指空间中承重墙到顶的隔墙等限定性的实体界面来分隔的空间。其特点是：空间界限非常明确，具有强烈的封闭感，其隔音性、视线的阻隔性良好，抗干扰能力强，保证空间的独立性与私密性，能够创造出安静宜人的环境。但由于界面的完全阻隔，使空间缺少流动性与连续性。一般情况下，绝对分隔常用于居住建筑、教学建筑、办公建筑等建筑空间。

（2）局部分隔。

局部分隔是指利用限定性相对较低的片断性界面来划分空间，如屏风、家具、矮墙等。其特点是：空间限定感较弱，但流动性、联系性较强，空间不同区域之间能良好地融会贯通，有利于空间的布置形式丰富多变。但这种分割决定了空间在隔音性、视线通透、私密性等方面较弱。局部分隔常见的分割形式有独立面垂直分隔、平行面垂直分隔、L形面垂直分隔、U形垂直面分隔等。无论在大空间还是小空间此种分隔手法都会被经常使用。如在餐饮环境的大厅空间中，为了避免用餐者相互干扰，保持相对的私密性，通常会采用一些装饰隔断进行空间的划分。

（3）弹性分隔。

弹性分隔是指利用一些拼装式、折叠式、推拉等隔断、屏风、幕帘、家具、陈设等分隔空间。其特点是：可根据使用功能的要求随时移动或启闭，空间的形式可自由机动地调整。弹性分隔多用于临时性、短暂性、小范围的空间使用上。

（4）象征分隔。

象征分隔是指利用灯光、色彩、材质、栏杆、水体、绿化、悬垂物、高差等分隔空间。其特点是：它是一种限定性极低的分隔方式，界面模糊，主要通过联想和视觉的完型来界定空间。空间流动性极强，易于产生丰富的空间层次变化。无论是在大空间还是小空间中，象征分隔的方式都是适宜的。

2. 空间分隔的元素

（1）建筑构件。

利用地面、天花、墙面等界面以及柱子、拱券、楼梯等建筑构件作为分隔空间的元素，这是一种最基本的空间分隔方式。

（2）装饰隔断。

利用各种装饰隔断分隔空间，如装饰架、屏风、活动隔断等作为分隔空间的元素。此种元素的应用能够形成一定的围合空间，并具有相对的领域感和私密性。

（3）色彩、材质。

利用色彩和材质的差别作为分隔空间的元素，此种元素的应用有利于丰富室内环境的色彩关系、肌理变化。如较大的接待大厅，一般会有前台咨询和休息区等功能要求。前台咨询空间地面通常选用大理石、花岗岩等耐磨度较高的材质，休息空间通常选用木质地板或柔软的、带有装饰图案的地毯，使空间既有明确的分区，又自然舒适地满足了各区域的功能要求。

（4）灯光照明。

利用灯具及其布置形成一定光环境区域作为空间分隔的元素，也能有效地对空间进行分隔。光环境区域一般结合顶棚的形式，地面的功能分区来进行布置。

（5）水体及绿化。

利用人工设置的水面或绿化为元素分隔空间，具有生动、自然、美化环境的作用和扩大空间的效果。水体一般和绿化结合使用，可以是静态的，也可是动态的；绿化作为分隔的元素可单独使用也可以综合使用。此种设计能够更好地满足人们亲近自然的心理及审美需求。

（6）家具、陈设。

利用家具、陈设作为分隔空间的元素。这是一种简单、灵活、机动的设计方法。如在较大型的办公空间中，常运用办公桌的围合把大空间分隔成若干个小空间的形式。在一些休闲空间里，也常用一些悬垂的织物来进行空间的分隔，灵巧生动。

（7）界面高差

利用界面的高低或凹凸变化作为分隔空间的元素，具有突出重点、强化中心及突出展示性的效果。如在展示空间里，为了更好地突出展品，通常会设计一个高出地面的展台区域来衬托展品；在娱乐环境的空间里，通常会设计一个地台式空间作为舞台区，或设计一个低于地面的凹形空间作为舞池区。

（三）空间界面的处理

室内空间主要是由各种界面围合而成的，即底面（楼、地面）、侧面（墙面、隔断）和顶面（天棚）。各界面的大小和形状直接影响室内空间的体量，各界面的艺术视觉效果和各界面之间的关系对室内整体设计影响很大。

对于室内界面的设计，不仅有造型和美观的要求，还要注意功能技术的要求。作为材料实体的界面，存在其形式和色彩设计、材质的选用和构造等问题；而且，对于现代室内环境的界面设计还需要与房屋室内的设施、设备予以周密全面的协调考虑。例如，界面与风管尺寸及出、回风口的位置关系；界面与嵌入灯具或灯槽设置的关系以及界面与消防喷淋、报警、通信、音响、监控等设施接口的关系也亟须重视。

1. 界面的设计要求

（1）根据空间功能、性质的不同，进行界面的设计。

室内空间界面的设计要与建筑的特定功能要求相协调。功能、性质不同的空间其界面设计也有所不同。界面设计的特点与空间的功能性质是有机联系的，不可简单割裂。如办公空间的界面设计，要充分考虑到办公的性质。为了创造一个高效、舒适的工作环境，其色彩一般比较淡雅，不宜过于鲜明、浓重；装饰造型要简洁，不宜过于复杂多样。因为对于上班族而言相当一部分时间都会在办公空间里度过，如在色彩浓重、装饰复杂的界面空间久待会使人感到心浮气躁，降低办公效率；而对娱乐性质的空间，其界面设计恰恰要追求色彩对比鲜明和图案、装饰造型的变化多样。因为，这是一个人们工作之余的休闲、娱乐、放松场所，各种色彩、造型、图案、灯光的变化能够激发人的情趣和活力，使都市中紧张工作人们的身心能暂时地得以自我发泄和释放。

（2）空间使用对象不同，其界面的装饰设计有所不同。

人是环境中的主体，是设计的出发点和归宿点。我们对空间进行装饰的目的是要满足人们的物质和心理需求，所以，室内界面设计就要注意使用对象的审美变化。由于使用者存在着年龄、性别、职业、兴趣爱好、文化背景等个体差异。因此，界面的设计也应有不同的个性特征。如居住建筑室内设计中，老人居室、成人居室、儿童居室等不同空间，在设计时要根据不同类别人的年龄与个性特征，有针对性地采取不同的设计手法，营造出或稳重老成或天真童趣的室内氛围，以塑造出适合使用者的个性空间。

（3）界面的设计风格要统一，注重环境的整体性。

室内空间是一个有机整体，各个界面的装饰设计直接影响到整体室内环境的效果。因此，对个体界面进行设计时必须通盘考虑，在保证整体效果的前提下，适度地予以个性化的界面处理。个性化的表达要统一在整体的风格范围内，在总体艺术效果协调的基础上创造出富有个性特点的环境气氛，做到在统一中求变化，在变化中求统一。风格的统一与变化往往是通过色彩、材质、装饰形式、灯光等方面来体现的。

（4）界面设计的安全性、舒适性、健康性。

界面设计中，材料的应用是至关重要的。随着新技术的发展，新材料也不断地在更新和改变，其性能、舒适性不断增强。但其中也存在着不少问题，如有些材料可能会散发有毒气体，给使用者带来了安全隐患。对于材料的应用我们可以从这样几个方面的问题来考虑。首先，要注意界面材料的耐燃及防火性能。现代室内装饰应尽量采用不燃及阻燃性材料，避免采用燃烧时会释放大量浓烟及有毒气体的材料；其次，要注意材料要无毒、无害，其有害物质要低于核定剂量；同时，还要注意材料必要的隔热保暖、隔声吸声等性能。

界面设计还要注意到与技术性的因素相互配合，不能忽视构造技术的安全性而一味地追求装饰形式的变化。要加强装饰性因素与技术性因素的结合，充分考虑构造的安全、施工的便利等问题。

（5）界面设计的经济性、科学性。

创造一个高品质的室内空间环境，并不一定要以奢华为代价，在设计中经济性、科学性是我们要把握的一个原则。界面装饰的标准有高低，但无论什么标准的界面我们都要考虑以最少的投入、最科学的资源利用营造出最好的环境效果。如对材料的使用，我们要考虑其耐久性及使用期限，频繁地更换，会增加其费用的支出；考虑是否能够采用可循环利用的材料，达到资源的合理运用；在有地方材料的地区，考虑是否可选用当地的地方材料，以减少运输，降低成本和造价。

2. 界面的设计特点

（1）天棚。

天棚是室内空间中的上部界面，它对覆盖之下的物体起到遮盖作用，同时提供物质和心理的保护。

天棚的设计要点：

①天棚界面具有一定的高度，它直接限定了墙面的高度，决定了空间的纵向延伸度，天棚高度的变化会形成空间或开阔高耸或亲切宜人或沉闷压抑的感受。因此，天棚高度的确定要注意与空间的平面面积、墙面长度等因素保持一种协调的比例关系。在室内设计中，还可以充分利用天棚的局部高低变化，进行空间的限定，丰富空间的层次。

②天棚的造型要注意应具有轻快感，形式力求简洁、明快、构图稳定大方，色彩不宜太过浓重，避免过于沉重复杂的装饰使空间具有下坠与压抑感。当然对于一些特殊空间要个别对待。

③天棚的结构要满足安全要求，构造合理可靠。选材要考虑到质轻、隔声、吸声、防火、保温、隔热等性能。

④天棚处理除造型优美外，在功能和技术上还必须综合考虑空间的照明、通风、空调、音响、智能监控、消防等因素，从而实现对天棚合理的装饰处理。

（2）地面。

地面是空间中的基础要素，是室内各种活动和家具的承载界面，其表面必须坚固耐久，足以经受持久的磨损和使用。在注意地面材料性能的同时还必须考虑地面的质感、色彩、图案的装饰效果，把其功能性与审美性有机结合起来。

地面设计注意要点：

①地面材质是否能够满足使用的要求，这是基本的因素，要根据空间的性质要求来选择地面的铺装材料。一般来说，在人流量较大的公共空间，地面应采用耐磨度较高的材料，如大理石、花岗岩等。对一些人流量较少、相对私密的空间，可铺置一些具有亲和力的材质，如在办公室、卧

室等空间采用木质地板；同时，还要根据环境的需要考虑吸声、保温、保暖及防滑等功能要求。

②针对地面所进行的设计，要与整体的环境保持统一协调。通过地面与其他界面之间的关系来看，对于地面所进行的划分与天棚的组织还是有着特定关系的，地面所呈现出的拼花的形式或图案要与天棚自身的造型，甚至是墙面的造型有着一些呼应关系，或者在使用"符号"方面来体现出它们之间的共享或延续的关系，也可以尝试透过地面与其他界面之间以"互借"材料的方式来增进空间的视觉联系。地面的设计还要和环境风格相一致，如体现质朴、田园的风格或高贵、华丽的风格，在色彩、图案、材质的选择上要符合其整体风格的个性特点。

③图案的构成与色彩关系是地面装饰的重要组成部分。图案的设计应遵循强调图案本身的独立完整性的原则，如在大堂中心、大型会议室中心的地面通常采用一些比较规整、饱满的图形，使其具有内敛感，这样易于形成视觉中心。此外，还要遵循图案的连续性、变化性和韵律感，图案的抽象性、自由多变性等原则。地面的色彩要根据空间环境的氛围、空间的尺度等方面的因素来选择，不同色彩的地面有不同的性格特征。浅色地面会增强室内空间环境的照度，给人以开敞明亮的感受；而深色地面会吸收部分光线，使空间产生收缩感，但也会给人以庄重和稳定感。

（3）墙面。

墙面是建筑的立面结构，它不仅可以作为建筑承重构件，还可为室内空间提供围护与遮挡的作用。由于墙面的面积是空间中最大的界面，因此墙面的设计对室内空间的整体装饰效果有着十分重要的影响，通过墙面形态、色彩、光影、质地的变化，更能体现室内个性特点和烘托环境氛围。

墙面设计的要点：

①门、窗、柱等是墙面的重要组成部分。就某种程度上而言，它们决定了墙面的形式、尺度以及虚实等的变化。因此，在墙面设计中，要综合地考虑这些因素，以便使空间功能与室内的装饰效果得以更好完善。

②室内环境物理性能的优劣关系到空间使用的效果。根据空间功能性质的不同，需要处理其隔声、吸声、保暖、隔热、防火、防潮等方面的问题。如：在轻质墙体的空腔内填充岩棉，既能增强其隔音效果，又具有保暖、防火的功能；在防火要求较高的环境中，须尽量减少使用海绵、布艺

等易燃材料，同时对木质材料的使用面积也要控制在一定的比例之内。

③设计与组织，主要包括墙面的造型变化、材质、灯光、色彩等方面的应用。一般情况下，规整、秩序的墙面给人以简洁、宁静的感受；凹凸起伏、不规整的墙面形式给人以节奏、韵律的动感；虚拟、通透的墙面造型，给人以空间的连续和延展性的感受。对于材质、光影、色彩的运用则应根据墙面造型的特点、环境氛围营造的需求来综合处理。

第三节 环境艺术设计的空间尺度

一、空间尺度概述

空间尺度的内容包括两个方面：一方面指的是空间当中所存在的客观的自然尺度，这就包含有功能、技术、客观等要素；另一方面指的是主观精神尺度，主要包括主观、审美、心理等要素。人在视觉、心理和审美决定方面的尺度是相对比较主观的，是一个建立在相对意义层面之上的尺度概念，但它们之间还有着一定的比较与比例的关系（图 3-3-1、图 3-3-2）。

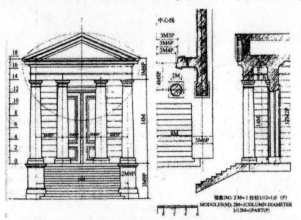

图 3-3-1　由人的视觉、心理和审美决定的尺度

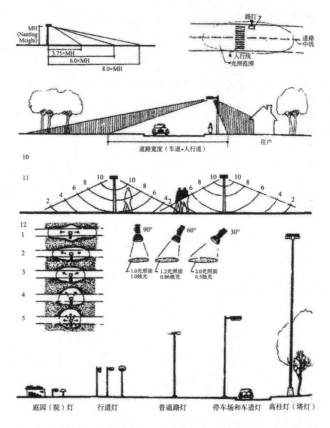

图 3-3-2　由生理及行为、技术等因素决定的尺度

毫无疑问，当中的大部分人所持守的仍然是习惯的、共同的尺度，但因为设计的过程是自由的，个人所积累的经验和技法也不一样，使得每个设计师对于尺度的理解也会有所不同。

二、尺寸与尺度

（一）尺寸

尺寸来自于针对空间真实大小所进行的度量，具体的尺寸则是根据特定的物理规则来进行限定的。通过客观的视角来对周围世界在几何概念层面上与量的关系相关的概念进行详细的描述，有一些基本单位，绝对属于一种量的概念，不具备任何的评价特征。而在空间尺度当中，有很多的空间要素都因使用功能和自然规律等要素，来限定尺寸，比如人体的尺寸、人日常所用的设备机具的尺寸、家具的尺寸等，还有许多与空间环境相关的物理量的尺寸，比如声学、热学、光学等问题，都会依照相关的要求来达成功能的目的，针对人造的空间环境还会有特定的尺寸要求。这些尺寸往往是固定的，不会跟随着人内在的心理感受进行变化。日常生活中比较常见的尺寸数据有：人体的尺寸、建筑与家具构件的尺寸。

尺度的基础在于尺寸，从某个层面上来说，尺度实际上是长期应用所形成习惯尺寸的心理沉淀，尺寸反馈的是客观规律，尺度是针对习惯尺寸的一种认可。

（二）尺度

针对环境空间形体进行衡量的最核心方面在于尺度，若尺度没有保持一致就会失去当有的尺度感，就会对实体原有的大小产生错误的判断。即便是有着丰富经验的设计师也可能在尺度的处理方面有失误的地方。问题在于人们难以对于空间体量的真实大小进行准确的判断，实际上，我们在空间各个实际度量方面的感知，几乎不可能做到准确无误。因着透视和距离所导致的失真，文化渊源等方面都会对我们的感知产生影响，所以要通过完全客观精确的方式来实现对自我感觉的把控和预知，绝对不是一件容易的事。针对空间形式进行度量过程产生的细微差别很难分辨，空间所显示的特征——很长、很短、粗壮或者矮短，由我们的视角所决定的，这些特征主要来自于我们对事物的感知，而非精准的科学研究。

一个普通的四棱锥，可以缩小到一个镇纸，也可以放大成为金字塔之间的任何物体；一个普通的球形，既可以看作是显微镜下的单细胞动物，也可以是眼睛可以看到的网球，也可以是 1939 年纽约世界博览会上所用的圆球。它们无法针对尺寸本身的问题进行说明。要使尺度得以体现的首要原则在于，尝试把某个单位带入到具体的设计当中，从而使它产生尺度。这个对于单位所起到的引入作用，就如同一个眼睛可以看到的尺杆，对于它的尺寸可以通过简易、自然和本能来判断出结果。

针对一些已经确切知道大小的单位称为尺度给予要素，主要划分两个类型：第一类就是人类自身；第二类是构成某些空间要素——一个特定空间环境当中存在的一些构建，比如栏杆、扶手、楼梯、座椅等，它们的尺寸和特征人们依靠经验就能熟知。因功能方面的要求，尺寸较为固定，所以有助于我们针对周围要素的大小进行判断，同时也有助于对于空间整体的尺度感进行精准的显示。时常会通过使用它们看作是已经知道大小的要素，把它们看作是度量的标准。就像透过住宅楼的窗户和大门能帮助人们想象出房子的大小、大概有多少层。通过楼梯和栏杆有助于我们对于空间的尺度进行度量。正由于这些都是我们所熟悉的要素，所以可以使用它们尝试对某个空间的尺寸感进行改变（图 3-3-3）。

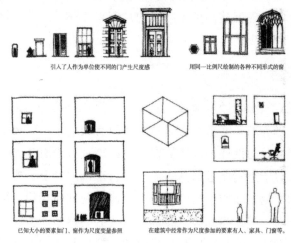

图 3-3-3　空间尺寸感的改变

（三）比例

所谓比例，主要表现在事物当中的一部分对应事物的另一部分或整体在量度层面上所进行的比较、长短、高低、宽窄、适当的或协调的关系，通常情况下不涉及具体的尺寸。因为建筑材料自身的结构功能、性质以及建造过程中的种种原因，使得空间形式的比例被动地受到相应的约束；即便遇到这种情况，设计师依然渴望着透过对空间形式和比例的把控，使得建造的环境空间达到人们预期的效果。

针对空间的尺寸所提供的美学理论基础层面，比例系统所处的位置远远领先功能和技术因素。通过众多的局部最终划归到一个比例谱系的方法当中，在进行空间构图的过程中，比例系统可以带动构图所涉及的众多要素实现视觉的统一性。它会使空间序列变得更有秩序感，连续性得以加强，还能成为室内室外各要素之间的某种连接。

在整体的建筑以及它的各个局部，当发现中间所有主要尺寸都有着一样的比例时，就会产生好的比例，也被称作是各要素之间的比例。只是在建筑当中与比例含义相关的问题还不止这些，还有一些是属于要素自身比例的问题，比如门窗、房间长宽之比等。而针对绝佳比例所做的研究主要都是围绕这些方面。

和谐的比例可以让人产生一种美感，公元前 6 世纪，来自古希腊的毕达哥拉斯学派的学者认为数是万物构成的最基本元素，宇宙中的一切现象都是通过数的原则来进行统治的。这个学派通过这种观点来对美学问题进行深入研究，探索数量比例与美之间的关系，并研究出著名的"黄金分割"理论，特别指出组成组合的要素之间以及整体与局部之间都存在着某种比例互相制约的关系，一切的要素只要超出了和谐的限度，就会使整体的比例出现失调。以往的历史针对怎样的比例关系可以产生和谐和美感有着很多不一样的理论，所产生的比例系统数不胜数，但它们在基本原则和价值方面却是一致的。

（四）对比

对比，指的是把两个互相对立且有一定差异性的要素放在一起。它可以凭借彼此之间的互相烘托陪衬来寻求变化。对比关系当中透过强调各个设计要素之间的色调、形态、色彩、位置、色相、排列、亮度、数量、形体、线条、方向、体量等方面的不同，从而起到使景色更加活泼、生动、凸显主题，使得人们看到这样的场景后产生热烈、兴奋、奔放的感受。

具体来说，它主要包含形体的对比、动静的对比、色彩的对比、明暗的对比、虚实的对比。

（五）微差

微差，指的是凭借着各要素之间细微的差距和连续性来寻求环境的协调。伴随着微差的不断积累，使得景物也会不断发生变化，或者是升高、壮大、浓重而不生硬。

处于环境艺术设计当中的园林设计，往往会因着缺少对比而显得单调，当然，若是对比过多又会显得杂乱，唯有巧妙地融合对比和微差，方可达到既能显出变化又能凸显协调一致的效果。

三、与环境设计有关的空间尺度

（一）人体尺度

把人体与建筑之间的关系比例作为基础来开展针对与人体尺寸和比例相关的环境要素和空间尺寸的研究，被称作是"人体尺度"。在对人体尺度进行研究的过程中，会要求空间环境在尺度方面要针对其是否适应人的生理及心理因素方面做充分的考虑，而这也是空间尺度的关键所在。

（二）结构尺度

除了人体尺度因素以外的所有其他因素统称为"结构尺度"。在创造空间尺度过程中，设计师需要考虑的关键内容之一是结构尺度。若是结构尺度超过了常规的限定（人们所公认的大小），就容易产生错觉。

通过使用人体尺度和结构尺度，有助于我们针对周围要素的大小进行判断，对于空间整体的尺度感进行正确的显示，也可以尝试刻意地通过它来针对空间的尺寸感进行改变。

第四章 环境艺术设计中生态材料的分析与运用

环境艺术设计离不开材料。空间环境的营造需要多种材料的应用。特别有必要定义材料的特性，并能够合理地应用这些材料。当然，更重要的是要知道材料的处理方法和技术，以及如何在空间环境中应用这些自然、环保和绿色材料，将真正的生态设计和生态环保概念融入环境艺术设计，并为城市生活和生活环境的建设和改造提供新思路。本章将对生态材料在环境艺术设计中的运用进行分析，具体内容有：生态化材料与环境的关系分析、环境艺术设计使用材料及其生态化的分析、以竹资源为例分析生态材料在环境艺术设计中的运用。

第一节 生态化材料与环境的关系分析

一、材料的环境意识

环境意识是现代社会出现的一种新型意识观念，如今在世界范围内越来越受到人们的关注。随着社会的进步和科技的发展，对资源的需求也越来越大，全球工业化发展产生了大量城市垃圾，对环境的破坏也越来越严重。这种情况下，环境保护问题理应得到所有人的重视，可持续性发展的呼声越来越高。

为了促进科技的发展，人们消耗了大量的地球资源，也造成了很多环境问题。与生物一样，材料也有一定的"生命周期"。

二、材料选择与环境保护

随着环境问题日益严峻，人们开始尝试各种方式缓解环境问题。例如有些人提出可以从设计方面入手，改善人们的生活居住环境，减少生活污染。因此，保护生态与环境的友好发展成为设计师选择设计材料时的重要条件。

日本 Victor 公司曾推出过一种玉米光盘，顾名思义，这种光盘用玉米材料制成，由于取材来自于自然，因此废弃后可以自然分解，不会对环境造成污染。

毕业于英国皇家艺术学院的琼·阿特费尔德将回收的香波、洗洁剂瓶子绞碎后热压成塑料薄板，制成了一种可以用传统木工工具加工的绿色材料。RCP 椅就是利用这一材料制成的，不仅色彩艳丽、价格低廉，更重要的是不会对环境造成危害。

英国设计师卢拉·多特设计了一种瓶盖灯，他将收集的大量的塑料瓶从瓶口与瓶身处分开，之后通过巧妙的组合，将废弃的旧塑料瓶摇身一变成具有实用性和美观性的灯具，赋予它们新的生命，同时也起到了保护环境的作用。

沃里克大学制造集团公司、PVAXX 研发公司与摩托罗拉公司共同研发出一款环保型手机产品，这种产品废弃后可以埋在泥土中，等待自然降解后可以作为植物肥料使用。

第二节　环境艺术设计使用材料及其生态化的分析

日常生活中常用的环境设计材料主要有黄沙、水泥、黏土砖、木材、钢材、瓷砖、合金材料、天然石材及人造板材等各种人造材料。这些材料都体现出浓厚的生态性和鲜明性的特征，也反映了环境设计行业的一些特点。

一、常用设计材料的分类

在工业设计领域中，材料是进行产品设计的重要物质基础。优秀的设计师在产品设计时必须充分考虑到不同材料的特征，根据其特征和适用性选择合适的材料。如果不了解每种材料之间的异同，那么设计也就只能是纸上谈兵了。随着科技的发展，各种新材料层出不穷，优点越来越多，适用范围也越来越广。为了更好地了解材料的全貌，可以从以下几个方面对材料进行分类。

（一）以材料来源为依据的分类

①第一代天然材料，主要有石料、木材、毛皮、棉等。第一类材料的特点是使用时仅需进行低度加工，而不改变其自然状态。

②第二代加工材料，主要有纸张、水泥、玻璃、陶瓷、金属等。这些材料的来源都是天然材料，但需要经过复杂的加工。

③第三代合成材料。主要有纤维、橡胶和塑料，这三种材料也被称为三大有机合成材料，这些高分子材料是汽油、天然气等通过一系列化学反应而合成的。

④第四代复合材料，主要是将各种非金属材料与金属材料复合而成的。

⑤高级形式的复合材料，它们具有一定的智能，可以随着环境条件的变化而变化。

（二）以物质结构为依据的分类

设计材料按照物质结构大致可以分为四种，如表 4-2-1 所示。

表 4-2-1　设计材料分类

金属材料	黑色金属（铸铁、碳钢、合金钢等）
	有色金属（铜、铝及合金等）
无机材料	石材、陶瓷、玻璃、石膏等
有机材料	木材、皮革、塑料、橡胶等
复合材料	玻璃钢、碳纤维复合材料

（三）以形态为依据的分类

在选用材料时，为了简化加工程序，通常情况会在设计之前将材料加工成一定的形态，即材形。对于同一种材料来说，不同的材形会影响材料的很多特性。例如钢丝、钢锭、钢板等都由钢材料加工而成，但在具体特征上有很大差异：钢锭的抗压能力和承载能力最强，钢板次之，而钢丝最弱；但钢丝的弹性在三者中最佳，钢板次之，而钢锭几乎不具备弹性能力。根据材料外观，可以将材料分为三类。

1. 线状材料

线状材料即线材，通常具有优秀的抗拉能力，在造型中可以起到骨架的作用。根据设计需求，常用的线状材料主要有钢丝、铝管、塑料管、木条等。

2. 板状材料

板状材料即面材，通常具有良好的柔韧性和弹性能力。根据这一特征，往往将金属面材加工成弹簧钢板产品和冲压产品。虽然面材也有良好的抗压能力，但在实际中远不如线材节省和方便，因此很少使用。为了满足各种实际情况的设计需求，也经常将多种面材复合加工成复合板材，最大化地发挥出其优势。主要的板材有模板、塑料板、金属板、皮革、玻璃板、纸板等。

3. 块状材料

块状材料即块材，具有优秀的抗压能力和承载能力，稳定性高，但柔韧性和弹性较差。此外，块状材料造型特性好，可以进行分割、叠加、切削等加工。常用的块状材料有石材、木材、混凝土、铸钢、铸铁、铸铝、油泥、石膏等。

二、常用的设计材料举例

（一）木材制品

木材取材方便，加工简单，又因其独特的性质和天然的纹理，成为人类文明发展中最广为应用的材料。木材是中国传统建筑的主要材料，如传统建筑中的木梁、木柱、木门、木窗等，同时在现代建筑中，木材也经常被用作装饰材料，如木地板、木制线条等。

由于生长环境和树种的不同，各种木材之间的特征和适用范围也各不相同，因此其构造差别很大。

1. 木材的叶片与用途分类

（1）木材的叶片分类。

木材叶片主要可以分为针叶树和阔叶树。

针叶树通直高大，树叶细长，状如针，有较强的耐腐蚀性，而木质较软，方便加工。常见的针叶树主要有红松、白松、马尾松、落叶松、杉树、柏木等，主要用于各类建筑构件、制作家具及普通胶合板等。

阔叶树树叶宽大，树干通直部分较短，表观密度大，胀缩和翘曲变形大，材质较硬，易开裂，难加工，又称"硬木"，多为落叶树。阔叶树经常被用作尺寸较小的建筑部件，但由于其独特的纹理，具有良好的美观性，因此也常被加工成各种装饰，如木地板和装饰贴面等。常见的树种有樟木、榉木、胡桃木、柚木等。

（2）木材的用途分类。

按照不同的用途，可以将木材分为原木、原条和板方材等。

原木是指树木被砍倒后，经过修枝裁成一定长度的木材。

原条是指只进行修枝、剥皮，而没有加工的木材。

板方材是指按一定尺寸锯解，加工成型的板材和方材。

2. 木材的特点分析

（1）轻质高强。木材是非匀质的各向异性材料，具有良好的抗压、抗弯曲和抗拉能力。我国将含水率15%的木材的实测强度作为木材的强度标准。木材的表观密度取决于木材的孔隙率和含水率两方面因素，孔隙率越小，表观密度越大；含水率越高，表观密度越大。

（2）含水率高。当木材细胞壁内含水达到饱和，而细胞腔与细胞间隙间没有自由水时，木材的含水率称为纤维饱和点。不同的树种，其纤维饱和点也各不相同，但一般情况下大都为25%～35%。纤维饱和点是木材性能变化的临界点。

（3）吸湿性强。木材中的水分会根据外界环境温度和湿度的不同而逐渐变化。在干燥的环境中，木材中的多余水分会逐渐蒸发；同理，在湿润环境下，干燥的木材会从外界环境中吸收水分保持自身水平衡，导致木材的含水率与外界环境的湿度处于动态平衡。达到平衡时木材的含水率被称为平衡含水率，木材加工前必须进行干燥，使其达到平衡含水率，否则过于湿润的木材会影响实际使用。

（4）保温隔热。木材的孔隙率一般情况可达到50%，热导率小，因此拥有良好的保温隔热能力。

（5）耐腐、耐久性好。在通风、干燥的环境下，木材只要经过合理的维护，就不易被腐蚀，因此可以保存较长时间。此外，木材耐久性强，不导电。我国很多保存完好的木质古建筑已有上千年历史，至今仍屹立不倒。但木材不耐高温，如果长期处于50℃以上的环境中，其强度会大大降低，影响使用。

（6）弹、韧性好。木材是天然的有机高分子材料，其抗压、抗震性良好。

（7）装饰性好。天然木材纹理清晰，形态各异，颜色鲜明，是优秀的天然装饰品，并且加工、制作过程简单，是室内装饰的主要选择。

（8）湿胀干缩。木材的表观密度越大，变形越大。当木材吸水后，其含水率会逐渐升高直到达到纤维饱和点，此时木材由于吸水而体积膨胀。湿胀干缩会引起木材的形变，使其产生裂痕或发生翘曲变形。

（9）天然疵病。木材易燃、易腐蚀、易被虫蛀，这大幅影响了木材的实际使用范围。

3. 木材的处理

（1）干燥处理。

木材加工使用前需进行干燥处理，这样可以有效防止木材发生形变、翘曲、开裂，以及腐烂、虫蛀等，使其保持原有形状，保证木材正常的使用功能。

根据树种的不同，以及木材规格、用途、处理设备等因素，可以选择不同的干燥方式，主要有自然干燥和人工干燥两种。自然干燥不需要使用干燥设备，干燥效果较好，但花费时间长，需要很大的场地，而且只能达到自然风干状态。人工干燥法需要使用特定的干燥设备，时间短，可干至窑干状态。但操作较为复杂，如果出现失误，可能会导致木材开裂等。此外，木材的锯解、加工，应在干燥之后进行。

（2）防腐和防虫处理。

在使用木材建造房屋或装修时，要注意木材不能受潮，木质元件要处于良好的通风环境中，木支座节点或其他木构件不能封闭在墙内，要设置适当的通风口。

木材经过防腐处理后，可以有效防止菌类、昆虫繁殖，但也具有了一定的毒性。常用的防腐、防虫剂有：水剂（硼酚合剂、铜铬合剂、铜铬砷合剂和硼酸等），油剂（混合防腐剂、强化防腐剂、林丹五氯酚合剂等），乳剂（二氯苯醚菊酯）和氟化钠沥青膏浆等。主要方法有涂刷法和浸渍法，前者操作便捷，但后者效果更佳。

（3）防火处理。

木材极易燃烧，因此在使用木材作建筑或装饰材料时，要进行防火处理。通常做法是在木材表面涂抹防火涂料，或将其放入防火涂料槽内浸渍。防火涂料主要有油质防火涂料、氯乙烯防火涂料、硅酸盐防火涂料和可赛银（酪素）防火涂料等。前两种防火涂料具有良好的抗水性，一般用于露天木材表面；而后两种防水性较差，用于不易受潮的环境中。

4. 木材的选择及其在环境艺术设计中的应用

图 4-2-1 中的这张伴侣几中间断开的部分不是人为制作的，而是由于木材年代久远，因此制作时不小心自然断开，呈现一高一低的形态。设计师朱小杰灵感迸发，将其取名"伴侣几"，寓意阴阳结合，阳在上、阴在下，就

图 4-2-1　伴侣几

像一对夫妻，形影不离、相濡以沫。"伴侣几"可以当桌子、茶几等，从其丰富的内涵中可以明白这样一个道理：爱情需要双方之间相互的包容与理解。"伴侣几"没有复杂的装饰，仅凭乌金木材质如同艺术般的年轮肌理，展现出大自然的巧夺天工与原始之美。

（二）石材制品

1. 石材的类别划分

（1）大理石。

大理石是变质岩，具有致密的隐晶结构，硬度中等，为碱性岩石。其结晶主要由云石和方解石组成，成分以碳酸钙为主（约占50%以上）。云南省大理县是我国大理石的主要产地。大理石主要用于建筑物墙面、柱面、栏杆、窗台板、服务台、楼梯踏步、电梯间、门脸等，或制作壁面、雕刻和工艺品等。图4-2-2为大理石背景墙。

大理石也是优秀的装饰材料，品种主要有花斑和纯色两种，花斑为斑驳状纹理，颜色鲜艳、质地细腻；不易吸水，不易变形，具有良好的抗压能力；硬度中等，耐磨，易加工。

图4-2-2　大理石背景墙

（2）花岗岩。

花岗岩石材通常用于建筑物装饰和建筑物的基础踏步、栏杆、堤坝、桥梁、路面、街边石、城市雕塑及铭牌、纪念碑、旱冰场地面等。

花岗岩属于酸性岩浆岩中的侵入岩，可以磨平、抛光。花岗岩为全晶质结构，材质硬，结晶主要是石英、云母和长石，主要成分是二氧化硅，约占65%~75%。但花岗岩不易开采，耐火性差，有些花岗岩中还含有某些放射性元素，可能危害人体。

（3）人造石材。

人造石材是人们利用各种石材复合而成，主要有玻璃型、复合型、水泥型等。

20 世纪 70 年代末，我国开始引进外国的人造石材样品和制造设备，学习外国先进的制造技术，至 80 年代逐渐进入生产发展时期。目前，我国人造石材质量已经达到国际先进水平，并广泛应用于住宅、宾馆等建筑装饰中。

人造石材不但具有耐腐蚀、无色差、强度高、材质轻、施工方便等优点，而且强度高，可免去翻口、磨边、开洞等再加工程序。一般适用于客厅、书房、走廊的墙面、门套或柱面装饰。

2. 石材的特点分析

（1）表观密度。天然石材的表观密度主要由石材的致密程度和矿物质组成决定。花岗岩、大理石等石材表观密度大，接近于其实际密度，可达 $2500 \sim 3100 \mathrm{kg/m^3}$ ；而例如火山灰凝灰岩、浮石等石材，因其孔隙率大，因此表观密度较小，为 $500 \sim 1700 \mathrm{kg/m^3}$ 。

按表观密度的大小，天然岩石可以分为轻石和重石两大类。轻石是指表观密度低于 $1800 \mathrm{kg/m^3}$ 的天然岩石，主要用于墙体材料；重石是指表观密度大于 $1800 \mathrm{kg/m^3}$ 的天然石材，主要用于建筑的基础、贴面、地面、房屋外墙、桥梁等。

（2）吸水性。石材的吸水性主要由孔隙率及孔隙特征决定。通常情况下，花岗岩的吸水率小于 0.5%，致密的石灰岩的吸水率可小于 1%，而多孔的贝壳石灰岩的吸水率可高达 15%。石材吸水性的高低又决定了其耐水性和强度，因为石材内部水分的多少会影响颗粒之间的黏结力，使石材的结构发生变化。

（3）抗冻性。石材的抗冻性是指其抵抗冻融破坏的能力。石材的抗冻性与其吸水性有很大关系，吸水率越大，抗冻性就越差。当石材的吸水率小于 0.5% 时，就认为该石材具有良好的抗冻性。

（4）抗压强度。石材的抗压强度以三个边长为 70mm 的立方体石块的抗压破坏强度的平均值表示。石材的抗压能力共分为九个等级：MU100、MU80、MU60、MU50、MU40、MU30、MU20、MU15 和 MU10。天然石材抗压强度的大小主要由岩石的矿物成分和结构组成有关，此外，荷载的方式对抗压强度也有一定程度的影响。

3. 石材的选择及其在环境艺术设计中的应用

（1）观察表面。

由于石材所处的地理环境、气候等自然条件不同，有些石材结构均匀、质感细腻，而有些石材颗粒较粗。不同品种、不同产地的石材，其质感效果也不尽相同，在选择石材时必须根据实际需求和其品种特性，选择合适的石材。

（2）鉴别声音。

敲击石材，听其声音也是鉴别石材比较常用的方法之一。好的石材敲击声清脆响亮，如果石材内部存在裂缝或因风化而颗粒间接触变松，敲击声则粗哑低沉。

（3）注意规格尺寸。

石材规格必须符合设计要求，铺贴前应认真复核石材的规格尺寸是否准确，以免出现错误，影响效果。

（三）塑料制品

1. 塑料制品的类别划分

（1）塑料地板。

塑料地板具有防滑、耐磨、轻质等优点，回弹性好，柔软度适中，脚感舒适，耐水，易于清洁；规格多，造价低，施工方便；花色品种多，装饰性能好；可以通过彩色照相制版印刷出各种色彩丰富的图案。

（2）塑料门窗。

相对于其他材质的门窗来讲，塑料门窗的绝热保温性能、气密性、水密性、隔声性、防腐性、绝缘性等更好，外观也更加美观。

（3）塑料壁纸。

塑料壁纸以一定的材料为基材，进行表面涂塑后，再经过印花、压花或发泡处理等多种工艺制作而成，是一种生活中常用的装饰材料。塑料壁纸主要有非发泡塑料壁纸、发泡塑料壁纸、特种塑料壁纸（如耐水塑料壁纸、防霉塑料壁纸、防火塑料壁纸）等。

塑料壁纸按质量高低可以分为优等品、一等品、合格品三个等级，且必须符合国家关于《室内装饰装修材料壁纸中有害物质限量》强制性标准所规定的有关条款。塑料壁纸具有以下特点。

①装饰效果好。塑料壁纸经过了印花、压花及发泡处理等一系列加工程序，可以模仿天然木纹、行材等材质。塑料壁纸大都精心设计，种类丰富，适合各种环境的装饰效果，同时色彩也可以随意调配，既可以显示出艳丽高雅，也可以体现清淡自然。

②性能优越。根据实际需要，塑料壁纸可以具有难燃、隔热、吸声、防霉等特点。

③适合大规模生产。塑料易加工，可进行工业化大规模连续生产。

④粘贴方便。纸基的塑料壁纸，用普通的白乳胶即可粘贴，透气性好，便于在尚未完全干燥的墙面粘贴，且不易脱落。

⑤寿命长，不易损坏。塑料壁纸表面可以清洗，不与酸碱性物质发生反应，易保存。

2. 塑料的特点分析

（1）质量较轻。塑料密度低，仅为钢的1/5、混凝土的1/3、铝的1/2，与木材接近。因此，塑料的运用可以降低建筑自重，减少施工强度。

（2）导热性低。塑料的导热率仅为金属的1/500～1/600，是优秀的绝热材料。

（3）比强度高。比强度是材料强度与表观密度之比。塑料的比强度较高，超过了混凝土，甚至接近于钢材，是一种理想的高强轻质材料。

（4）稳定性好。塑料的化学稳定性高，不与酸、碱、盐、油脂等发生化学反应。

（5）绝缘性好。塑料是优秀的绝缘体材料，可与橡胶、陶瓷媲美。

（6）经济性好。建筑塑料价格较高，如塑料门窗与铝合金门窗的价格相近，但塑料门窗更加节能，因此具有比铝合金门窗更高的性价比。同时，建筑塑料制品在制作使用过程中，施工和保养费也较低。

（7）多功能性。塑料品种多样，各具有独特功能。某些塑料通过改变制作配方，可以使其性能发生较大转变，甚至同一种塑料也可以具有多种性能。例如，塑料地板不仅是一种优秀的装饰物，还具有一定的隔音性、弹性等。

虽然塑料具有诸多优点，但也存在一些缺陷，如易老化、耐热性差、刚度差等。

3. 塑料的选择及其在环境艺术设计中的应用

（1）生态垃圾桶。

生态垃圾桶由意大利设计师劳尔·巴别利（Raul Barbieli）设计（图 4-2-3）。设计师的目的是制作一个清洁、小巧、有个性和亲和力的产品。其最值得注意的设计在于垃圾桶的口沿，可脱卸的外沿能将薄膜垃圾袋紧紧卡住。口沿上的小垃圾桶可用来进行垃圾分类。生态垃圾桶主要用 ABS 塑料制成，其内壁光滑、易清理，外壁具有一定的肌理效果。

图 4-2-3　生态垃圾桶

（2）"LOTO"落地灯和台灯。

"LOTO"落地灯由意大利设计师古利艾尔莫·伯奇西设计（图 4-2-4），其中引人注目之处在于落地灯的灯罩采用了可变结构，由不同尺寸的两种长椭圆形聚碳酸酯塑料片与上下两个塑料套连接而成，当灯杆上下移动时，灯罩的形态也随之改变。这种可变的富有创意性的设计是对传统灯罩的突破与创新。

图 4-2-4　"LOTO"落地灯与台灯

(四) 陶瓷制品

1. 陶瓷砖的类别划分

（1）釉面砖。

釉面砖又名"釉面内墙砖""瓷石"等。釉面砖是以难熔黏土为主要原料，再加入非可塑性掺料和助熔剂，共同研磨成浆，经榨泥、烘干成为含有一定水分的坯料，并通过机器压制成薄片，然后经过烘干素烧、施釉等工序制成。釉面砖是精陶制品，吸水率较高，通常大于 10%（不大于 21%）的属于陶质砖。

（2）墙地砖。

墙地砖以优质陶土为原料，再加入其他材料配成主料，经半干并通过机器压制成型后于 1100℃左右焙烧而成。墙地砖一般用于建筑物外墙或室内地面用砖。墙地砖不易吸水，背面制成凹凸状，有效地增加了水泥砂浆的黏结力。

墙地砖的表面根据设计需要可以制成毛面、平面、抛光面、花纹面、金属光泽面等。图 4-2-5 为陶瓷砖装饰效果。

图 4-2-5　陶瓷砖装饰效果

2. 陶瓷材料的特点分析

陶瓷材料的力学性能稳定，具有耐腐蚀、耐高温、热性能好、熔点高等优点，同时化学性质稳定，是良好的绝热材料，大部分陶瓷还可作绝缘材料。

3. 陶瓷材料的选择及其在环境艺术设计中的应用

Muurbloem 工作室的设计师冈尼特·史密特在欧洲陶瓷工作中心研制开发出一系列陶瓷墙体材料，能够给人舒适的触觉感受。这种陶瓷材质耐高温、耐腐蚀，表面坚硬，该产品不仅是一种单一设计理念的实体转化，而且是一个产品系列，它能够依据不同工程的具体要求而制作出相适应的产品。

用设计师自己的话说："当一座建筑物的外墙看上去好像用手工编织而成的时候，它可以创造出一种奇幻如诗般的意境，而这也正是设计想表达的。我们当然可以在'线'的颜色以及针脚的方式上开些小玩笑，譬如说将它织成一件挪威款毛衫，那样的话，我们就可以将那建筑物描述为一座穿了羊毛衫的大厦了。"

（五）玻璃制品

1. 玻璃制品的类别

（1）磨砂玻璃。

磨砂玻璃又称镜面玻璃，由平板玻璃抛光而得，可以分为单面磨光和双面磨光两种。磨光玻璃透光率高，物像通过玻璃不会变形，其表面平整光滑，有光泽。

（2）钢化玻璃。

将玻璃加热到一定温度后迅速冷却，可以制成高强度的钢化玻璃。钢化玻璃具有两个主要优点：①机械强度高，抗冲击性强。钢化玻璃破裂后会碎裂成小玻璃块，不会飞溅伤人，安全性高；②热稳定性好，具有抗弯及耐急冷急热的性能，最高可在287.78℃的高温环境下工作。需要注意的是，钢化玻璃处理后不能进行钻孔、磨削、切割等工艺，玻璃边角不能碰击扳压。

（3）夹丝玻璃。

夹丝玻璃是一种将预先纺织好的钢丝网，压入经软化后的红热玻璃中制成的玻璃。夹丝玻璃具有抗折、安全性高、热稳定性好的优点。夹丝玻璃主要用于建筑物阳台、防火门、采光屋面等。

（4）变色玻璃。

变色玻璃主要分为有光致变色玻璃和电致变色玻璃两大类。变色玻璃可以对进入屋内的太阳光线进行自动控制，改善屋内的采光，起到节能环保的作用。同时，变色玻璃还具有防偷窥、防眩光的作用。变色玻璃主要用于建筑门、窗、隔断和智能化建筑。

（5）平板玻璃。

普通平板玻璃的透光性良好，但紫外线透光率较低，可以隔音，具有一定的机械强度。主要用于房屋建筑工程，部分经加工处理制成钢化、夹层、镀膜、中空等玻璃，少量用于工艺玻璃。

（6）中空玻璃。

中空玻璃可以分为普通中空、吸热中空、钢化中空、夹层中空、热反射中空玻璃等。中空玻璃由多片平板玻璃周边隔开，并用黏合剂密封而成，中间填充惰性气体。

2. 玻璃的特点分析

（1）机械强度。玻璃属于脆性材料。衡量某种材料是否耐用的重要标准是抗张强度和抗压强度。玻璃的抗张强度较低，一般在39~118MPa，这是因为玻璃表面有微裂纹且易脆。玻璃的抗压强度平均为589~1570MPa，为抗张强度的1~5倍，因此玻璃经受不住张力而容易破裂。但玻璃的这一缺点在某些方面也能得到积极的利用。

（2）硬度。硬度是指抵抗其他物体刻画或压入其表面的能力。玻璃的硬度仅次于金刚石、碳化硅等材料，强于普通金属材料，一般刀、锯不能在其表面切割。玻璃硬度较高，主要是由某些冷加工工序如切割、研磨、雕刻、刻花、抛光等造成的，所以设计时要根据玻璃的硬度选择磨轮、磨料等工具及加工方法。

（3）光学性质。玻璃是一种高度透明的物质，光线穿过越多，玻璃质量就越好。同时，玻璃对光线有折射能力，可以制成光辉夺目的玻璃装饰品。玻璃还具有吸收和透过紫外线、红外线，感光、变色、防辐射等一系列重要的光学性质和光学常数。

（4）电学性质。玻璃在常温下是良好的绝缘材料，因此用于电灯泡、电子管等。但温度上升后，玻璃的导电率也会随之升高，在熔融状态下成为导体。

（5）导热性质。玻璃的导热性较低，无法承受温度的迅速变化。玻璃越厚，承受的急变温差就越小。玻璃的热稳定性与玻璃的热膨胀系数有关。例如，石英玻璃的热膨胀系数很小，将赤热的石英玻璃投入冷水中不会发生破裂。

（6）化学稳定性。玻璃的化学性质稳定，不与除氢氟酸和热磷酸之外的酸性物质发生化学反应。但玻璃与碱性物质长期接触，表面容易受腐蚀。因此玻璃长期暴露在空气和雨水中，表面会暗淡，失去光泽。

3. 玻璃的选择及其在环境艺术设计中的应用

（1）巴黎卢浮宫的玻璃金字塔形。

建筑大师贝聿铭创新性地使用玻璃材料，在卢浮宫内建造了一座玻璃金字塔（图4-2-6）。整个建筑物具有现代和传统之美，将功能性和形式性的结合完美体现出来。正如贝聿铭所说："它预示将来，从而使卢浮宫达到完美。"

图4-2-6　巴黎卢浮宫的玻璃金字塔形

（2）水晶之城。

位于日本东京青山区的普拉达旗舰店，其外形如同一颗巨大的水晶（图4-2-7），表面由菱状网格玻璃组成。这些玻璃或凸或凹，在垂直立体空间内体现出层次感与奇幻瑰丽的感觉。这种建造创意使整栋大楼晶莹透亮，仿佛一个巨大的展示窗，与旗舰店主题相衬。

图4-2-7　水晶之城

（六）水泥

1. 水泥类别

水泥是一种粉末状物质，与适量水搅拌后成浆体，之后经过一系列物理化学变化可以成为坚硬的水泥石。水泥浆体可以在水中和空气中硬化，属于水硬性胶凝材料。

水泥的品种很多，根据水泥熟料矿物通常可以分为硅酸盐类、铝酸盐类和硫铝酸盐类。在建筑工程中应用最广泛的是硅酸盐类水泥，常用的水泥品种有硅酸盐水泥、普通硅酸盐水泥、矿渣硅酸盐水泥、火山灰质硅酸盐水泥和粉煤灰硅酸盐水泥等。

在建筑装饰中，应用最多的是硅酸盐水泥、普通硅酸盐水泥、白色硅酸盐水泥。

2. 水泥的选择及其在环境艺术设计中的应用

水泥作为饰面材料使用时，另需与砂子、石灰、水等按一定比例混合搅拌成水泥砂浆或水泥混合砂浆（总称抹面砂浆），抹面砂浆包括一般抹灰和装饰抹灰。

（七）金属制品

1. 金属制品类别

建筑中应用较多的金属材料有钢、铜、铝、钛、金、银等及其合金与非金属材料制成的复合材料。金属材料经过不同的加工工艺，可以被制成线材、管材、板材等多种类型，以满足各种建筑需求。同时，金属材料也可以用于雕塑等环境装饰。

2. 金属材料的特点分析

金属材料具有以下特点。

（1）表面具有金属光泽，反射能力较好，具有不透明性，质地坚硬，呈现出富丽的质感效果。

（2）通常金属的熔点较高，具有高强度、高韧性、高刚度的特点。

（3）具有良好的塑性成型性、铸造性、切削加工及焊接等性能，加工性能好。

（4）金属表面可以进行各种装饰，具有不同的质感。

（5）具有良好的导电性和导热性。

（6）化学性质活泼，容易氧化、腐蚀。

3. 金属材料的选择及其在环境艺术设计中的应用

（1）PH5 灯具。

PH5 灯具（图 4-2-8）由丹麦设计师保罗·海宁森设计。主要经过薄铝板冲压、钻孔、铆接、旋压等一系列加工制成。灯具中使用了很多遮光片，在遮光片的内侧涂有白色涂料，而在外侧按一定规律涂有蓝色、紫色和红色涂料。

图 4-2-8　PH5 灯具

（2）法国文化部的新装。

法国文化部大楼的外表独具匠心，富有现代感，掩盖了其传统的外观（图 4-2-9）。外表主要用不锈钢条"织"成密密麻麻的"网"，既表现出光艳明亮的特点，又隐约给人一种陈旧的感觉。当然，也更能凸显出一丝神秘。

图 4-2-9　法国文化部的新装

（八）石膏

石膏是一种白色粉末状的气硬性无机胶凝材料，具有孔隙率大（轻）、保温隔热、吸声防火、容易加工、装饰性好的特点，在建筑装饰中应用广泛。常用的石膏装饰材料有石膏板、石膏浮雕和矿棉板三种。

1. 石膏板

石膏板的主要原料为建筑石膏，为了提高石膏板的抗弯性能，在制作时通常掺加轻质填充料。在石灰中按一定比例掺加水泥、粉煤灰、粒化高炉矿渣粉等，可以有效提升石膏板的耐水性。如果用聚乙烯树脂包覆石膏板，不仅可以用于室内，还能用于室外。此外，通过调节石膏板的厚度、孔眼大小、孔距等，可以使石膏板具有良好的吸声性能。

以轻钢龙骨为骨架、石膏板为饰面材料可以制成轻钢龙骨石膏板，这是我国室内装饰中轻质隔墙和吊顶最常用的制作方法。主要优点是轻便、占地面积小，可以有效增加房屋使用面积，同时施工不受天气环境的影响，安装方便。

2. 石膏浮雕

在石膏中加入玻璃纤维可以制成各种平板、小方板、墙身板、饰线、灯圈、浮雕、花角、圆柱、方柱等，用于室内装饰（图 4-2-10）。优点在于可以锯、钉、刨，可以防潮、防火、安装简单。

图 4-2-10　石膏浮雕

3. 矿棉板

矿物棉、玻璃棉是新型的室内装饰材料，自重较轻，可以防火、隔音、隔热。其装配化程度高，完全是干作业。通常用于办公室、宾馆、公共场所的顶棚装饰。

在矿渣棉中加入适量的黏结剂、防腐剂、防潮剂，经过配料、加压成形、烘干、切割、开榫、表面精加工和喷涂等一系列程序，可以制成矿棉装饰吸声板（图 4-2-11），主要用于顶棚装饰材料。

矿棉吸声板主要有长方形和正方形两种，正方形常见尺寸为 500mm×500mm、600mm×600mm，长方形常见尺寸为 300mm×600mm、600mm×1200mm 等，其厚度为 9~20mm。

矿物棉装饰吸声板表面色彩鲜艳，花纹繁多，纹理清晰，具有良好的装饰效果。

图4-2-11　矿棉装饰吸声板

第三节　生态材料在环境艺术设计中的运用
——以竹资源为例

　　竹子在中国五千年的文明发展中，具有重要的文化寓意，其内涵已超越了植物本身，不知不觉向中华民族的物质生活和精神生活逐渐渗透，成为千百年来文人骚客和哲学家们笔下的精神象征。如今，竹子的物理属性在科技的发展中逐步被人们认识，文化属性也随着中华文明的进步而被传承。资源可以分为社会资源和自然资源，在《经济学解说》中，将"资源"一词定义为"生产过程中所使用的投入"，这一定义说明，资源本身就是一种生产要素。在环境设计中，竹子就是一种设计资源，包含了对其物理属性和文化属性的运用。

一、环境艺术设计中的竹资源概念

（一）竹资源的概念

竹子在植物属性、材料属性、文化属性等方面都具有独特的魅力，竹资源正是对这些属性的总结和概括。狭义上的竹资源，指竹子的植物资源，广义上的竹资源，还包括其特定的文化象征。

竹资源分布广泛，人们对于竹子的认识也比较深入。因此，竹子是环境艺术设计领域内的重点研究对象。

（二）环境艺术设计与竹资源

竹资源是环境艺术设计的重要对象之一，其在环境艺术设计中应用广泛，从室内装潢到室外绿化，从建筑材料到装饰材料，从室外景观观赏竹到室内竹盆景，竹子几乎遍布生活中的各个角落。由于竹子在环境艺术设计中的重要地位，环境艺术设计从业者很难避开竹资源。因此，对于竹子的研究应该更深入、更系统、更全面。本节主要从竹资源作为观赏竹、竹材以及竹意向运用等方向对竹资源在环境艺术设计中的运用做一个简单的梳理。

二、观赏竹在中国环境艺术设计中的运用简史

竹子四季常青，挺拔、正直，与松树、寒梅并称岁寒三友，与梅、兰、菊并称为"四君子"。竹资源在中国古代园林中有着重要的作用，其"宁可食无肉，不可居无竹"的千古佳句凸显出竹子在中国文化中的重要地位。纵观历史，竹子在中国社会发展中经历了一系列发展变化，从一开始作为普通的植物到因其特殊的文化价值、美学价值而受到人们关注；从一开始作为木材替代品，到因其特殊的材料属性成为良好的建筑设计材料；从一开始简单的意向到因其独特的文化内涵而被再设计加以利用。中国古典园林景观设计经历了秦汉、魏晋南北朝、隋唐、两宋明清的发展历程，观赏竹的发展脉络正好与此相适应，这说明观赏竹是符合古人设计意

向的最佳材料，是竹意向的运用。

（一）先秦两汉时期观赏竹在中国环境艺术设计中的运用

中国园林历史悠久，体现出山水画境的自然美与独特的艺术风格。竹子正好适合了自然、宁静的造园要求，成为古往今来园林中必不可少的装饰植物。

在先秦两汉时期，人们最先将竹资源运用到环境艺术设计中，因为当时的帝王深受原始崇拜和神仙思想的影响，对于自然、山水、植物等的看法是神秘莫测的，对于竹子还没有表现出足够的兴趣，仅与其他植物一样，当作普通的绿化植物。人们对于竹子的运用最早在西周时期。而到秦朝，秦始皇修建了"虚明台"，将竹子从山西的云岗引种到咸阳的宫廷园林之中，这一点可从秦咸阳第三号宫殿建筑遗址中出土的壁画内的竹子图画找到证据。到汉代，已有明确记载表明当时皇家园林上林苑、永安宫等地都有栽培竹子的事实。

先秦两汉对于竹资源在环境艺术设计中的运用还处于萌芽阶段，人们将竹子视为普通植物，并没有其特殊的文化内涵。

（二）魏晋南北朝时期观赏竹在中国环境艺术设计中的运用

魏晋时期，玄学开始兴起，玄学家们谈论自然，形成了以自然美为核心的美学思想，此时以欣赏、游玩为主要目的的园林逐渐出现。同时，许多文人、士大夫们或因玄学的影响，或对现实感到不满，而逃避政治，归隐自然，追求"无为而治、崇尚自然"的心境。这种对自然的向往，促进了以模拟自然山水为目的的造园思想的发展。

这一时期，竹资源的美学价值得到了开发，人们终于认识到竹子的文化价值和其内涵的文化精神。通过对竹子的栽培、竹材的直接运用、竹意向的简单再现等，竹资源在环境艺术设计中的运用逐渐成熟。

（三）隋唐宋时期观赏竹在中国环境艺术设计中的运用

这一时期，唐诗宋词的兴起，促进了竹资源文化价值的进一步升华。山水园林、山水诗、山水画等多种元素互相渗透，把诗、画中的意境在现实中体现出来，对文学创作和园林景观营造都大有裨益。

通过唐诗宋词的广泛传诵，竹资源的文化价值和美学价值深入人心，而手工业的繁荣，更直接促进了竹资源作为材料在生活中的广泛运用。这些新变化使竹资源的文化价值成为中国传统文化的内在基因，而不断发展传承，为竹的意向性运用扩大了基础。

(四) 元明清时期观赏竹在中国环境艺术设计中的运用

元明清时期，古典园林作为一种专门的艺术门类迎来了发展的繁荣时期。在文人士大夫的文化潜意识推动下，出现了广泛的造园活动，促进了园林的意境营造和诗、画意境的相互融合。

竹资源的运用在江南园林中显得格外突出，仅苏州的拙政园就有"梧竹幽居""竹径通幽""竹廊扶翠"等竹景观节点。而北方园林虽不如南方那样大规模地使用竹子，但也有一些用竹典范。例如清代圆明园的"天然画图"，这一景观以万竿翠竹为其中"五福堂"造景，呈现出"竿竿清欲滴，个个结生凉"的景象。

这一时期，人们对竹类景园的设计上升到了理论的高度，大量的竹家具被设计出来，并得到了广泛的运用。竹资源开始被作为主要设计对象而被研究和运用。

三、竹资源运用于环境艺术设计的价值

广义的价值通常和金钱联系在一起。而本文所指的价值，强调的是"事物的地位"。竹资源的价值不言而喻，但其作为设计对象的价值却值得我们思考。接下来主要从竹资源的文化价值、美学价值、生态价值、功能价值、经济价值等几个方面深入讨论竹资源的设计价值问题。

(一) 竹资源的文化价值

竹资源的文化价值使得对竹资源进行设计时，具有极高的接受度，人们从文化的角度对包含竹资源的设计就会进行惯性的联想。以物比人，一直是中国文化的传统，在文学艺术和文化形态上面，竹的形象、气质、风骨、品格都是历来文人追捧的对象，因而自然而然被人格化，赋予精神烙印。

刘岩夫在《植竹记》一书中，赋予了竹"刚""柔""忠""义""谦""贤""德"等品格。不仅是刘岩夫，中国古代的文人骚客们大都钟爱于竹子，因为竹子中通外直、挺拔刚正，正契合了古代文人们理想的人格。经过诗词等文学作品的加工渲染，竹子成为文静、高雅、虚心、进取、刚正、高风亮节等精神的象征。总的来说，竹子的文化价值主要体现在以下三个方面。

1. 刚直不阿

竹的主基修长刚直，中国常见的毛竹一般高达 20m，像印度、斯里兰卡等热带国家盛产的麻竹，更是可以超过 35m，每年的春季，竹等破土而出，拔地而起，给人以欣欣向荣、奋发向上的力量感和生命感，竹的这种向上的气质和笔直的竹莲又被赋予了刚直不阿、奋发向上的精神。

2. 高风亮节

苏武牧羊，秉持符节，是其操守的体现，古人有诗云："玉可碎不改其白，竹可焚不毁其节。"寓意人的骨气、气节，竹节引申出来的气节，是中国人精神境界中非常重要的元素。郑燮尤爱画竹，他画的竹兀傲清劲，别具一格，具有高度的艺术表现力和艺术感染力，在他的《竹石》诗中写道："咬定青山不放松，立根原在破岩中。千磨万击还坚劲，任尔东西南北风。"这首流传千古的佳句，将竹子不屈不挠的精神品格书写得淋漓尽致。

3. 虚怀若谷

竹除了有节，还有中空的特性，而想象力丰富的古人将竹中空的特性和人的虚心联系起来。竹的叶子都是两两相对自然下垂的，像极了汉字的八字，仿佛俯首，这个特性又被拟人为低头虚心。竹高而不傲，虚心向上，在文人墨客的笔下，竹被着墨颇多，现代国画家、书法家李苦禅先生的一副赞美竹的对联"未出土时便有节，及凌云处更虚心"，更是写出了竹的虚怀若谷。

（二）竹资源的美学价值

美学价值是任何设计对象所必须具备或者潜在的条件，竹资源的美学价值体现在竹作为观赏植物的形态美和作为建筑材料的结构美上。

1. 形态美

竹类植物作为中国文人热衷的梅兰竹菊四君子之一，四季常绿、姿态优雅、赏心悦目，自古以来就是园林绿化和造园艺术中不可或缺的观赏植物。在我国现有的多种竹类植物中，已知的被用于观赏竹的就有多种。观赏竹姿态优美，竹干高大挺拔、竹枝凌空横展、竹叶婀娜多姿，还有随着季节变化而带来的序列变化之美。

此外竹材纹理通直、色泽淡雅、气味醇香，这些特性都是一般材料所无法比拟的，相比木材，竹材的天然纹理也极具形态美。

2. 结构美

结构美可以分为三个部分，即首先符合力学的要求；其次构图要美，统一、均衡、比例、尺寸、韵律、序列等方式在结构中都有体现；最后要注重细节美。相比木材的结构美，竹材在细节上虽然比不上木材榫卯结构的精细，但是也有其独特的韵味，各种捆扎、穿插、聚散使细节上精细而不繁杂；竹材相较钢材、木材运用于结构中的一个极大的优势就是可以进行弯曲，弯曲后排列的韵律是其他材料所无法比拟的，而且弯曲后，运用于大跨度的拱中，既是结构，又是装饰，本身的结构美代替了装饰美，省去了二次装修的费用和时间。

（三）竹资源的生态价值

生态化的设计思路使得设计对象的选择需要考虑其生态性。竹子很大的一个优点就是有极强的无性繁殖能力，能不断进行自我更新，一片成型的竹林，年年都可以收获竹材，且单位面积的杆材产量也高于木材。一片竹林每年以百分之五的面积自然扩展，这样的速度正好满足绿色建材的生态化、可再生化的需求。

（四）竹资源的经济价值

竹资源被誉为"绿色的金矿"。竹子被制成地板、竹席、垫子、竹炭、面料、竹工艺品等进入人们的衣食住行，连竹叶也作为很好的饲料。随着技术的进步和经济的发展，竹产业和竹贸易的扩大，使竹资源的应用领域不断得到扩展。竹材从过去的以农业为主，发展到现在的建筑业、造纸业、加工业等行业。经济价值的创造，使人们可以花费更多的人力、物力去研究竹资源，这样的良性循环，无疑有利于竹资源的开发利用。

四、环境艺术设计中竹材料的运用

（一）竹材料的优势与弊端

1. 竹材料的优势分析

随着社会的发展，现代人越来越多地追求回归自然，在材料上对纯天然的材料钟爱有加，竹材的属性完全顺应了潮流的发展，加上建筑设计师不遗余力的探索和研究，使得竹资源中竹材作为设计材料的运用有了越来越多的亮点。伴随着近些年建筑材料的短缺和相应的价格上涨，竹材廉价却又转换成了优势，竹子作为设计材料有着其他材料不可比拟的优点。

（1）从竹材料本身的结构来看。

竹子管状纤维构成的圆管状结构使得竹子不但材质坚硬，还具有轻便的特性，抗弯强度也较高，虽然超出弯曲强度时竹纤维也会断裂，不过由于竹材的竹纤维成束状分布，在超过弯曲强度时，开裂不会像木材一样彻底折断，这个特性就给维修或者更换竹构件提供可能性；在相同的密度条件下，竹材所具有的弯曲度大大超越了木材。由于竹子的弹性特性，竹材作为结构构件，在抗震强度上要优于木材。

（2）竹材有着良好的物理属性。

从力学上讲，竹材的强度是一般木材的两倍，顺向抗拉强度为200MPa，抗压强度可达74MPa。别看竹子很轻，但它是世界上最坚硬的植物之一，从数据来看，竹材的抗压性约等于砖头和水泥，抗拉性甚至可以和钢材相媲美，有研究证明我国古代的帆要比欧洲的帆简单实用，就是因为帆用到了竹子作为支撑。

（3）竹材和木材在化学成分上极其相似。

其中的纤维素和木质素都是有机高分子聚合物，这些聚合物组成天然的复合材料，这种材料在一定的物理条件下具有很好的耐久性。我国古建筑中常用到的竹条、竹钉、竹骨等部件，保存完好的能达到两三百年的历史。

（4）竹子分布广泛，应用成熟。

在我国南方，竹资源丰富，竹材取材方便，很多室内装潢都采用了竹子，如亭、台、楼、阁、廊、厅、柱、梁、檐等形式和部位都能找到竹的踪迹，人们巧妙运用竹的特性，通过斗、拼、镶、嵌等工艺，用竹建造一座座的房屋。在川南的穿斗结构民居中，除了结构的穿斗部位为实木，墙体部分大都是采用竹编加泥土的方式制作的，这样的墙面轻巧结实，隔热保温效果显著。

2. 竹材料的弊端分析

天然的原竹运用于建筑有很多缺点需要在设计上克服。

（1）原竹成管状，中空，个体的差异很大，直径跨度大，壁厚分布不均匀，截面形状也不是正圆，竹节虽然增强了竹材的强度，但是对加工者来说，也是一个不小的麻烦。而且，竹节的分布不均匀，不同竹类在节段的差异也导致其不能大规模地批量化、规模化、精确化、机械化生产，只能靠手工作坊里面的工匠凭经验去挑选、搭配和制作生产。

（2）竹材吸水性强，容易开裂，不耐火。

（3）竹龄较短的竹材富含蛋白质，含糖量也很高，这一特性带来的问题就是极易吸引虫蛀。

（4）竹的特殊属性导致其在加工过程中的工序比砖石、木材要多。在古代建筑中，梁柱的主要部件都是由木材或者砖石组成，这是因为这些部件要求的截面较大，支撑力要均匀，如果用竹来取代，势必需要很多根竹子，经过烦琐的加工捆扎，才能得到想要的大小，加上捆扎以后的竹是由很多根竹子组成的，每一根的个体差异，导致了整体质地的不均匀。古代建筑构件之间的连接主要是靠各种榫卯，不管是木材还是砖石，它们都是密实的固体，可以加工成各种形状进行桥接，而竹材的连接就受到其中空特性的制约，只能进行简单的弯曲、打孔、开槽、榫合。

（二）竹材杆件的直接运用

竹材杆件主要是用到竹莲部分，是竹资源中竹材的主要部分，也是在环境艺术设计中运用得比较多的部分，接下来，就对竹材杆件的直接运用部分进行分类研究。

1. 以竹代木形运用

以竹代木即用竹材来代替木材，上文提到了竹材的一些优缺点，相对于木材，竹材的成才时间短，材料更易取得，竹还有吸湿吸热等性能方面的优势，而且竹材表面光滑，质感细滑，胜似漆器，质感强烈。相对木质家具，以竹代木形运用在加工过程中，较少用到像木材板材中甲醛等对人体有害的化学物质，利用竹子的特性加工的情况比较多，纯天然绿色无污染，有益于人体健康。

（1）原竹家具。

原竹家具，顾名思义，就是把原始的竹材只进行简单的烘烤、蒸煮等防霉、防蛀、防裂表面处理，而这些工序本身不会伤害竹材的天然外貌。原竹家具有一个显著的特征，就是以线为基础的设计造型，不同的材料，都会有它与生俱来的形式语言来构筑它独特的造型形式，原竹家具，从造型上来讲，就是一种将线的各种形态在三维空间中进行位置的经营和构造上的连接。

我国引以为傲、自成体系的书法，就是以线为构造的杰出典范，线条中寓含着无尽的奥妙，书法依托于不同的构字形式，运用不同的运笔方法，呈现出关于线构造的种种意象，篆字遒劲有力，隶书飘逸洒脱，楷体端庄儒雅，草书奔放不羁。书法与家具的区别在于前者在于表意与为道，后者在于为器与实用。要实用，就必须将空间中的线条落实到具体的物质材料上面，原竹材料的线性特征使得原竹家具的设计有了和明式家具的几分相似。

在原竹家具的运用上，呈现出针对性强的特点，由于传统原竹家具的识别率很高，加上其特有的底蕴，只能在相对传统的中式风格或者泰式风格中出现，经过设计师的不断改良，其中也不乏有些精品，能极好地融入其他装饰风格中，关于这一点，产品设计师还有很长的路要走。

（2）以原竹对木构进行模仿。

位于四川省宜宾市的蜀南竹海，大到景区大门，小到指示牌，都是用竹子制成，这一类的竹建筑，从外形到内涵，都是竹在传统建筑的延续，像景区的牌坊，从柱子到屋檐，从瓦片到飞檐，虽然做得惟妙惟肖，但都是以竹简单的模仿木牌坊的功能，这样的建筑只能在以竹为主题的景区里，因为建造这样的一栋建筑，首先需要大量的竹材，所有的建筑构件都是竹的，包括墙、柱、窗框、椽、房间隔断、瓦，如果运输距离过长，无疑增加成本。

2. 杆材排列型

竹材杆件的排列运用，是将竹杆件根据需要进行各个方向的排列，创造出或疏或密、或紧或松、或透或隐的视觉效果。

隈研吾在谈到他选用材料的思考时说："竹子是一种很传统的素材，它干净、简洁，很容易营造氛围，但它又很容易和现代的材料如玻璃结合在一起。"在梅窗院，竹林在院外，玻璃是建筑的外墙，而在长城脚下的公社，隈研吾则直接将竹子用在外墙上，这就使得墙面的肌理产生了丰富的变化，而内部的生活环境又纯然是现代的，但谁也没觉得传统与现代会互相妨碍。

整栋建筑根据使用性质不同，采用了不同的表现程度和状态，建筑的外表皮统一采用了竹格栅，在室内的公共区域、吊顶等处都使用的是竹子的不同排列，茶室空间是整栋建筑的闪光点，整个空间的六个面都采用竹子排列来完成，相连的两个平面相交的地方，采用了阴角相互穿插的方式。根据竹子材料和密度的不同，分割的空间感受也大为不同，建筑物充分利用这些特性，使用不同的疏密程度，把空间分割得空旷而层次丰富，既有分割又相互穿插，通透感十足。一栋约 $700m^2$ 的两层别墅，都是以竹和玻璃建造，以竹为梁、以竹为门、以竹为窗、以竹为墙、以竹为帘、以竹为台，大量竹材的使用，使空间呈现出精致、细密、柔和、自然、收敛的气氛，而且富有光影的变化，架在水上的竹榭，极具仪式感。

排列的杆件除了作为建筑的结构部件，还可以作为装饰部件，特别是运用在室内界面装饰中。很多室内装饰的直线元素，都来源于竹资源中的杆件，竹子天生的直立挺拔，形成的竹材杆件具有简洁、单纯、清晰、有力的直线特征，这种直线又可分为水平线、垂直线和斜线。

3. 竹杆负型

在中国道教七大名山之一的罗浮山景区，广州建筑师欧灰设计了一座种子教堂，教堂面积约 $280m^2$，可容纳 60 人，设计的概念由一颗种子开始，种子是圣经福音书中常用的比喻，也象征着大自然中生命开端的奥妙。教堂的平面图以种子的有机形象为蓝本，由曲线围合形成墙体，再一分为二，在破口处形成三个不同尺寸的出入口。教堂综合了安藤忠雄光之教堂开十字洞的做法，以及柯布耶朗香教堂的无机形态，粗犷自然。值得注意的是，竹子的使用，对这座建筑的成功，起着居功至伟的作用，设计师与施工单位创造性地运用了竹子作为模板现浇混凝土的做法。现浇混凝土经济实惠，也符合当地施工队的施工能力。竹模板的墙体表面留下的痕迹呈竖向排列，大小不一，构成感极强，丝丝秀气恰恰弱化了混凝土墙体的庞大尺度，而且和周围的自然环境以及乡土趣味遥相呼应，可以说，这种运用竹模板的做法真正做到了此时无竹胜有竹的神韵，虽然没有竹子本身的出现，却将竹子的灵魂留给了这座建筑。再加上由当地农民用竹子所做的桌椅，简单肃穆，毫无修饰，原始而生动，平易近人，贴近了当地群众的生活。

4. 天然水管型

水和竹子似乎生来就有亲密的关系。由于竹竿又长又中空，它们成为天然的水管材料。古代就掌握了拔竹节的方法。在古代，一些工厂甚至建在竹林周围或种植竹林，以收集大量的竹子来架设水管。这种现象逐渐被人们遗忘，直到人们发明了由其他材料制成的水管。

随着技术的进步，竹水管逐渐被钢管或者 PVC 水管所取代，但是竹水管这一独特的景观却通过现在水景保留了下来。

日本园林中一竹制小品名"逐鹿"，利用杠杆原理，当竹筒上部注满水后，自然下垂倒空竹筒，水满后再翘头将水流出，回复原来的平衡，尾部击打在撞石上，发出清脆声响，颇为有趣。该小品以静制动，宁静致远，是日本庭院中的代表元素之一，常与石制水钵搭配造景，现在经常被运用于住宅景观中。

5. 节点构造型

节点构造型的运用是指竹杆件经过各种节点的连接捆绑，形成的极具结构美感的构造形式。

（1）钢构节点。

何陋轩以竹材作为主要建筑材料，让竹杆件通过特制的节点钢构连接，组成优美的结构，承载了建筑所有的压力和拉力。何陋轩综合使用了竹结构、石结构、钢结构，延伸了宋元明清以来的木结构体系，机智地表达了技术所特有的历史动力感。何陋轩以其独特的感性特征，以新颖运用竹材料的独特方式，赋予了建筑独特的品位。

这种形式的成功证明，只要处理好了竹材杆件的节点连接问题，竹在大跨度建筑上完全可以以桁架的方式出现，既满足功能的需求，又有形式上的美感。

（2）捆绑节点。

2010年上海世博会的主题是"城市，让生活更美好"，关注的是可持续发展的问题。中国作为组织方，向不单独建立场馆的国家提供普通的大开间房屋，有点类似于厂房，如何既让普通的厂房式房屋吸引眼球，又充分展示本国的文化，成为困扰设计师的一道难题。

来自越南建筑工作室的 Vo Trong Nghia 用他们极其擅长的竹子，打造了一个竹子营造的越南馆，该场馆的外表全部由竹子竖向排列组成，并弯成三道拱形，这种极具波浪感的外形使得越南馆很容易脱颖而出；在室内，设计师用竹子代替木材，将空间营造成巴西利卡式的平面。拱形的竹子既是一种结构也是一种视觉引导。用原竹系的柱子代替了木系的柱子。垂直的竹结构创造出线性的空间，让人仿佛置身于竹林之中。在越南馆中，为了使竹子作为大跨度建筑的建材，采用了几个常见的结构处理。

在设计大跨度场馆时可以借鉴这种拱的处理和结构的运用，建筑立面的处理方式也具有很强的参考意义。

捆绑节点在环境艺术设计中还有一种十分常见的范例，那就是竹篱、竹墙、竹栏杆。园林景观的布局离不开空间的组合，作为空间分隔的篱笆、墙垣与栏杆，在满足空间组织这一实用功能的基础上，对园林景观的创造也起到了极为重要的作用，它们虽然形式不同，但有一个共同的特点，那就是线条感极强，在绿色植物的衬托下，竹竿淡淡的黄色显得尤为突出，或竖向排列，或横向延伸，既是景观设施，又是立体构成的绝佳载体。

用竹作为这类景观设施的材料，自古都是人们的不二选择，甚至从汉字"篱笆"两字就可以看出端倪。栏杆、篱笆、竹墙的主要功能都是界定空间，栏杆通常低矮而通透，围护性不及围墙，但可以明确地界定空旷的边界，并在危险的地段起到确保安全的作用。随着人们对环境景观的日益重视，出现了越来越多设计漂亮的栏杆围墙等，作为传统的材料，竹竿依旧是组成这些景观的很好选择。竹竿特有的线条型，用在竹篱、竹墙、竹栏杆上，通过各种组合，或竖向排列，或弯曲捆扎，形式丰富，可根据不同的景观选择不同的样式。竹篱、竹墙、竹栏杆的特点首先是造型丰富，从简洁明快到精美华丽，各具特色；其次是具有其他材料所不具备的天然质感、特殊色泽以及淳朴的气息。

（三）竹材料的二次创作

1. 竹编器物

考古人员在清理浙江余姚河姆渡遗址时，发现了大量的竹编席子残片，这种原始的竹席采用二经二纬的编织法，在今天仍被大量采用。在浙江吴兴钱山漾遗址中，出土了数百件的竹器实物，虽然经过了几千年，但是因为它们在泥土中与空气隔绝而保存完好，这些竹器的样式用法也几乎和现代一样。这两个事例说明，我们祖先在几千年以前，就对竹器物的使用进行了大量的探索，并找到了相对完善的制作工艺和方法，流传至今。在《清明上河图》中，竹编织物出现的频率也很高，光室内就有竹篮、竹簸箕等器物若干。发展到现代，竹器的生产模式从小作坊式加工逐渐走向了民间艺术之路，更多的成为一种装饰品，真正运用到日常生活中的竹器越来越少。伴随着竹器与现代设计结合的浪潮，以竹作为材料的新生物品也如雨后春笋层出不穷，如由竹编灯笼转变而成的现代竹灯等。竹编还可以和现代工业产品相结合，如竹编的手机套、竹编的包装盒等，无不散发着竹所特有的古朴典雅。就竹编器物在室内设计来讲，主要还是以容器为主，有的造型优美的竹编容器，慢慢地从功能性转变为观赏性，成为竹工艺品，装点在室内，成为室内设计中的另一亮点。

2. 竹编界面

竹材的个体差异很大，不同种属的竹材杆材差距很明显，即便是同一种科属同一片竹林中的两棵竹子，其直径、管壁厚度、竹节长度也有所不同，而把竹变成竹丝、竹篾等元素，再由它们通过编制，构成面，这样就能方便地避免竹资源个体差异的不足，从而以面的形式完成室内界面的装饰。竹编的方式多种多样，这样带来的好处是界面装饰的选择空间较大，可根据不同的需求进行选择，满足不同界面装饰的需求。

3. 复合竹材

复合竹材又称集成竹材，是一种沿板材或者方材平行纤维的方向，用胶黏剂胶合而成的板材，原材料可以是剩余物或者短小材，这样既可以保持天然的纹理，又可以获得可用性更强的几何尺寸和较好的板材物理属性。常见的复合材料的方式有三种机构类型，即指接、拼接和层积。复合竹材相对木材强度更大，结构均匀，在加工过程中，可以将竹材的节，以及腐朽、裂纹、虫眼等缺陷选择性地去掉，只利用优质的部分，这样经过人工组合的复合竹材，结构均匀，强度增大，尺寸可控范围增大，减小基材湿胀干缩引起的变形或者开裂，增加尺寸稳定性。

通过加工后的复合竹材，也能像木材一样被制成方材，从而改变了竹材本身的结构特点，使其更像木材而优于木材。复合竹材的加工过程一般是：将竹材经过热处理，纵向剖开成为竹片，刨去竹青、竹黄，干燥定型，按照需要进行指接、拼接或者层积的方式，涂胶，热压，形成复合竹材。

集成竹材继承并放大了传统竹材物理学性良好、收缩率低的特性，幅面大、变形小、尺寸稳定、耐磨损、强度大的优点也使其在板材中脱颖而出，一样能胜任锯截、钻孔、开榫、砂光、打磨、涂饰等加工。由于其生产过程中经过热水处理，成品的封闭性良好，可以有效地防止霉变和虫蛀，特殊的肌理又能让人有回归自然的惬意，无时不感受到扑面而来的传统文化的气息。这类竹材生产的家具，在运用上与木制家具无异，但在生态环保层面上要明显优于木材。

五、环境艺术设计中竹意象的运用

（一）环境艺术设计中竹形象的再现

竹的形象再现有很多种方式，通过不同的载体对竹的形象进行再现，从而将竹的形象运用到环境艺术设计的各个领域，是竹在环境艺术设计中的重要运用方式。竹的形象再现，包括具象的竹字画对竹的再现，或者制作工艺等方式对竹的再现，再者通过印刷和数码处理将竹的形象运用到墙纸或者窗帘等载体上，被运用于环境艺术设计中去。

在中国多民族的传统文化中，竹在实物文化和景观文化中都扮演着重要的角色，它既是先民自然崇拜的对象，又是审美鉴赏的景观，还是各种工具、器物、建筑的原材料，甚至竹笋还是一道美味佳肴。相对梅、兰、菊，竹比它们涵盖的范围更广，虽然松也可以充当木构建筑和木制品原材料，但比起竹在被用作木构建筑和木制品原材料的广泛性而言，松还是相去甚远。竹林七贤、孟宗哭竹、湘妃竹的传说、胸有成竹、成竹在胸、竹报平安、青梅竹马等典故也是耳熟能详、妇孺皆知，这些文化因素让竹在装饰题材的接受程度上，占尽了先机。

在装修装饰的过程中，经常用到的墙纸、床单、窗帘等，面积相对较大，是竹字画转移的一个方向，一些写实或者极度抽象的竹字画，以不同的载体出现在环境艺术设计中，呈现了竹资源在室内设计运用的另外一种趋势，那就是把竹元素通过简单的再现，赋予不同的载体而存在。

（二）环境艺术设计中竹形象的再设计

设计师在环境艺术设计中并不是一定要用到竹资源的实物，很多意象性的运用，即将竹形象进行二次设计，让人自然感受到竹的存在，这是竹资源在环境艺术设计中的另一个重要发展趋势，这需要设计师对竹资源文化属性和物理属性有深入的了解，并通过创新性的设计，让人情不自禁想到竹。

由美国建筑事务所设计的上海金茂大厦，其造型就像初生的竹笋，逐级收缩，越到顶上越密，给人一种积极向上势如破竹的动感，是建筑与竹意象的一种有机结合。还有由美国华裔建筑师贝聿铭所设计的中国银行大厦，外形由棱柱逐级收拢，寓意节节高升，成为香港的地标性建筑。从这两个实例可以看出，建筑和竹的意象是可以有机结合的，这也势必成为一种设计的方向。

第五章 生态视角下环境艺术设计的可持续发展研究

本章将结合可持续发展的相关概念，对生态视角下环境艺术设计的可持续发展进行研究，内容包括可持续发展与艺术设计的关系、环境生态平衡与可持续发展、中国生态性环境艺术设计的困境和发展方向、艺术设计可持续发展的控制系统与决策机制、生态视角下中国艺术设计行业可持续发展的战略与对策。

第一节 可持续发展与艺术设计的关系

一、可持续发展战略与人类当前的生存状态

（一）可持续发展战略概述

众所周知，可持续发展是 20 世纪 80 年代提出的一种新的发展理念。这一概念的形成和提出，完全顺应时代的变化和社会经济发展的需要。1989 年 5 月，基于对现代工业、商业活动所引发的一系列地球资源和生态环境危机的理性思考，经过与会者的反复磋商，第 15 界联合国环境署理事会通过了《关于可持续发展的声明》。

从可持续发展的意义上讲，可持续发展是指人类社会的发展能够健康、可持续，既能满足当前的需要，又不会削弱子孙后代满足其需求的能力。可持续发展还意味着维护、合理利用、统一和提升自然资源基础，支

持生态恢复力和经济增长。

而就可持续发展战略而言，其本质上是指实现可持续发展的行动计划和纲领。因此，这一战略所要包含的范围十分广泛，是多个领域共同实现可持续发展的总称。可持续发展战略的制定是为了促进各个领域共同实现可持续的发展目标，并实现各个领域之间的相互协调。1992 年 6 月，联合国环境与发展大会在巴西里约热内卢召开，会议提出并通过了全球的可持续发展战略——《21 世纪议程》，该《议程》要求各国根据本国自身特点和实际情况，制定相应的可持续发展战略，并对当代国家发展中遇到的相关问题进行积极解决。1994 年 7 月 4 日，国务院批准了中国的第一个国家级可持续发展战略——《中国 21 世纪人口、环境与发展白皮书》。自此以后，可持续发展战略成为我国国家发展战略中十分重要的一部分，该战略对我国各行各业的发展都产生了极大的影响。

中国科学院可持续发展战略研究小组曾专门在一篇专题文章中提到，可持续发展问题已成为 21 世纪全球面临的最重要的问题之一。人类能否真正推动可持续发展战略的实施，直接关系到人类未来的命运，关系到人类文明是否还能够继续延续下去，这也是"可持续发展"思想一经提出，就迅速获得全世界各国政府支持的原因。在各国政府的提倡下，"可持续发展"理念不仅在城市未来发展中起到了指导作用，还融入区域治理、全球合作等多个领域当中，甚至已经改变了普通民众的生活观念。美国国家科学院也专门组织相关科学家对可持续发展战略问题进行系统的研究，并探讨其全球性价值。为了推动可持续发展战略的进一步落实，美国国家科学基金会特设可持续发展资助专项，以此来鼓励经济学家、生态学家、区域科学家和管理科学家参与这一问题的研讨，并协助政府相关部门展开相关工作。而中国作为全世界的人口大国，更是将可持续发展作为国家未来发展的基本战略。这足以证明可持续发展理论是当代人类社会发展必须坚持的道路。

（二）地球资源与人类生存状态

早在 21 世纪初始，来自 95 个国家的 1360 名科学家就联合发布了报告，详细列举了令世人触目惊心的一系列数字，宣称世界资源的 2/3 已被耗尽。

近几十年来，随着全球人类发展的步伐不断加快，人类对自然资源的消耗需求越来越大，甚至已经超过18、19两个世纪地球自然资源消耗的总量。现如今，地球陆地上已经有24%的面积被作为耕地，森林面积越来越小，这在一定程度上会导致疟疾、霍乱等传染病的传播，甚至可能引发人类无法抵御的新疾病。水资源是地球上的生命之源，但随着工业化的不断发展，越来越多的水域被污染，目前人类消耗的地表水已经占到地球可利用淡水总量的近50%。随着水资源的日益匮乏，渔业储备也日益减少，甚至一些地区的可捕鱼数量已经不足大规模工业化捕捞开始前的1%。

1980年以来，全世界35%的红树林、20%的珊瑚礁已经毁灭。许多滨海地带抵御海啸的自然屏障不复存在。

世界的局面不容乐观，具体到中国，资源和环境的状况又是如何呢？

在过去的50多年中，中国的人口总数增加了一倍之多，这就意味着每个人的生存空间都被压缩为原来的一半。随着中国工业的日益繁荣，中国生产的各种家用电器数量为全世界最多，但同时中国也是世界上资源消耗大国。耕地的人均占有量是世界平均水平的1/2，淡水是世界平均水平的1/6，草地是世界平均水平的1/2；我国45种主要矿产的现有储量，再过5年将只剩下24种，15年后将只剩下6种。如果按照世界人均占有淡水量测算，中国的淡水总量只能养活3.2亿人；按世界人均可耕地数测算，中国只能养活2.6亿人；按世界人均占有林地测算，中国只能养活1.7亿人。1/3的国土被酸雨侵蚀，七大江河水系中劣五类水质占41%，沿海赤潮的年发生次数比20年前增加了3倍，1/4人口饮用不合格的水，1/3的城市人口呼吸着严重污染的空气，城市垃圾无害化处理不足20%，工业危险废物处置率仅为32%。

就目前而言，我国的人口数量已经远远超过了土地的承受能力，各种资源极度匮乏。但现如今，我国的发展方式依然是一种高消耗、高污染的方式。不得不说，在推动可持续发展战略的过程中，我国还有很长的路要走。中国膨胀的人口和粗放型的经济增长方式，将使空气、水、土地、生物等环境要素遭到破坏，自然灾害频发，资源支撑能力下降，使民族生存空间收缩。对于当代社会而言，如果我们不下定决心转变生产生活方式，人类必然遭受自然界的惩罚。

中国环境遭受破坏的程度可以我们民族的母亲河长江为例。

早在 2004 年，"保护长江万里行"活动就在四川宜宾启动，考察活动由全国政协人口资源环境委员会和中国发展研究院共同举办，沿途马不停蹄共考察了长江沿岸 8 省 21 个市，包括湖北的武汉和宜昌，考察结果使专家、学者们发出惊呼：10 年后长江生态可能崩溃！

长江干流有 60%水体受到不同程度污染，每年排入长江的污水达 200多亿吨，占全国 40%以上。

现在长江面临六大危机：物种受到威胁，珍稀水生物日渐灭绝；湿地面积日渐缩减，水的天然自净功能日渐丧失；水质严重恶化，危及沿江许多城市的饮用水，癌症肆虐沿江城乡；枯水期不断提前，长江断流日渐逼近；森林覆盖率严重下降，泥沙含量增加，生态环境急剧恶化。这样的自然环境现状确实令人感到震惊和悲痛。

中国是世界上人口最多的国家，从统筹资源的角度看，中国人均拥有的耕地、淡水、能源、矿产等在世界上无可夸耀，13 亿人口的生存发展需求无比巨大，地大物不博已是不争的事实。在推动人类历史上最大规模的工业化与城市化进程的同时，环境也蒙受了空前的劫难。可能不需等到下一代，我们这一代人就会承受这些灾难。

二、艺术设计与人类社会的关系

（一）艺术设计的正面效应

现代艺术设计几乎是无所不在，已经渗透到人类社会的一切领域。

艺术设计在所有与人相关的环境设计中，起着整合自然与人文审美要素的作用。与此同时，也在很大程度上决定着环境利用的质量和效率。当代环境艺术设计在此领域发挥着重大作用。

艺术设计决定着人类所享用的、可感知的物质和精神产品的形态样貌。换句话说，决定着绝大多数产品的审美品质。无须一一列举，与产品制造相关的各个设计专业在此领域当仁不让。

正是由于艺术设计所重点把握的造型、质感、色彩等设计要素，不可避免地要与实用的、功能的、制造工艺等设计要素有机结合起来，现代人的制造活动中，艺术设计早已超越了"唯美"的、"化妆"的层面，它能够统合产品的实用与审美功能而关乎产品的综合品质。优秀的产品，无不融合了艺术与科学技术、蕴含着设计智慧，这种设计的"含金量"，决定了艺术设计所创造的价值往往大大超过了产品的原料及加工成本。艺术设计对于提升综合国力的作用有目共睹。

艺术设计在商品的流通领域更是不可或缺的。从商品的品牌、形象、包装、广告到商品展陈购销的场所环境，艺术设计全面承担了展现、宣传、推介的职能，离开艺术设计的营销活动几乎难以想象。

艺术设计在现代信息传播中的作用是有目共睹的：信息、信息载体和各种媒介都需要形象设计。从传统的书籍、报纸杂志到电视多媒体，再到电子信息网络，信息传播过程中通过艺术设计来实现的"信息设计"是人类获取信息的效率和质量的重要保证。

（二）艺术设计的负面效应

就像世界上所有事情都具有两面性，除了上面提到的积极作用，艺术设计也可以扮演一个消极的角色。在丰富品种、刺激消费、提升或增加附加值的旗帜下，一些设计师会制造"设计泡沫"，美化假冒伪劣产品，过量生产"包装垃圾"，从而加重地球资源的浪费和环境污染。

以艺术设计中直接服务于商业的包装设计为例。十多年前，中国出口商品质量上乘而包装低劣，在国际市场上缺少竞争力，许多中国产品被外商更换包装而大赚一笔，仅此造成的年损失达一亿美元。为急起直追，中国包装行业以 15% 的发展速度连年递增，在提升包装水准的过程中也结出包装过度的恶果。据统计，北京年产 300 万吨垃圾，包装物占 83 万吨，其中过度包装达 60 万吨。中国平均年产 12 亿件衬衣，包装纸盒重达 24 万吨，生产这些纸盒要砍伐碗口胸径的树木 168 万棵。倘若以塑料代替，更会造成巨大污染，在自然条件下，塑料要 200 年以上才会化解。

近年引起公众广泛关注的月饼包装问题很具代表性。据研究，包装业中秋节前后一两个月的业务量占全年的 1/3。月饼本身成本只占 15%，而包装成本占 30% 以上。统计结果表明，月饼行业中秋包装耗资近 30 亿元。节后不少居民区垃圾站，"华丽"的月饼盒几乎堆积成小山。所谓高档月饼，大多是靠超级豪华的包装哄抬身价的。

对于欺骗性包装，20 世纪 80 年代美国、日本、加拿大、荷兰、法国、德国、奥地利等国家都曾颁布法规予以遏制。对包装的空间比率、层数、非技术必须等做出明确规定。如日本，规定包装容积内空位不得超过20%，包装成本不得超过售价的15%，包装须与产品的价值相应。

与发达国家的普遍重视程度形成巨大反差的是：中国至今对于非常过度的、欺骗性极大的包装没有约束法规。甚至有关部门或行业提出十分荒谬的规定：包装物的价值不超过被包装产品价值的1.2倍。这就意味着50元的月饼可以包上50元或100元的层层盒子、袋子，这些昂贵的"漂亮垃圾"表面看是由消费者付账，但其实最终付出代价的是我们宝贵的资源与环境。

不只是包装设计"闹鬼"，中国存在着艺术设计的种种怪现状。

服务于所谓"高消费群体"的豪奢艺术设计，表面上看是市场行为：有需求就有供应，有收入水平差异就有消费档次区分。然而，剖析一下倡导"帝王""贵族"生活方式的艺术设计行为，从根本上说是与可持续发展理念背道而驰的。高品质的艺术设计与珍稀用料、耗费工时、虚荣浮华并没有必然的联系，许多设计者有认识的误区，认为过去平民百姓艳羡的统治者的享乐生活就是今天富裕阶层的必然追求。于是，豪宅越建越大，不妨厅堂能跑马；装修越来越奢，不吝黄金与象牙；服饰越配越奇，不管藏羚被猎杀；车子越坐越贵，不拘林肯或宝马……我们不反对正当致富者的合理享受，但反对不科学的艺术设计导向，反对财迷心窍的媚俗设计师。

艺术设计与人类社会不可分割的关系，它导致的正面和负面效应确实应该全面深入地进行探讨和研究了。

三、当代中国艺术设计的战略定位

中国在可持续发展道路上的脚步，无法绕开的是对艺术设计的战略定位。

（一）正视艺术设计的学科定位

早在1998年，国务院学位委员会已经决定将招收研究生专业目录中原"工艺美术学"改为"设计艺术学"。

按传统的看法，在自然经济体制下，手工制品的设计属于工艺美术范畴；为与"工艺美术"的手工艺（还曾被称为特种工艺）品性脱开，有必要将现代工业社会批量化、标准化生产的产品设计界定在艺术设计范畴。其实，工艺美术与设计艺术的概念无法彻底分开，一则在"艺术设计"用语广为应用之前的现代中国设计实践均是在"工艺美术"的旗号下进行的，培养艺术设计人才有近五十年历史的前中央工艺美术学院的校名即是例证；二则当代的工艺美术创作设计可以将手工艺的形态特征与现代观念和生产方式结合起来，其作品完全可以属于艺术设计的范畴。

艺术设计学是一门多学科交叉的、实用的艺术综合学科，其内涵是按照文化艺术与科学技术相结合的规律，为人类生活而创造物质产品和精神产品的一门科学。艺术设计涉及的范围宽广，内容丰富，是功能效用与审美意识的统一，是现代社会物质生活和精神生活必不可少的组成部分，直接与人们的衣、食、住、行、用等各方面密切相关，可以说是直接左右着人们的生活方式和生活质量。

理论上的学科定义并不复杂，但是对艺术设计专业的社会认知度却存在很大问题。举例来说，2005年教育部下达的《普通高等教育"十一五"国家级规划教材》目录指南中就找不到"环境艺术设计"的名目。由国家部委牵头、由专家参与开列的专业目录尚且如此，遑论其他！

对于艺术设计行业的产值、利润似乎也不缺少全国性的统计数字。例如，21世纪头五年与环境艺术设计相关产业的经济总量已达8000亿元人民币。尽管如此，中国社会对艺术设计的重视程度远远没有到位，在许多人心目中，设计师是从事自由职业的个体劳动者，还没有真正认识到应该把艺术设计当成产业来打造，艺术设计产业化发展是未来该行业发展的必然趋势。

艺术设计涵盖的每个具体专业都对应着国民经济庞大的产业系统，艺术设计在现代产品制造过程中起着至关重要的作用，艺术设计在城乡规划建设中的地位也是无可替代的。艺术设计对于国家综合国力的提升意义重大。

（二）培养艺术设计人才和建设艺术设计师团队

在很多方面，我们与世界设计发达国家的差距甚大，不用说和欧美设计大国比，就是与亚洲的韩国比也令人心惊。例如，韩国专门设立了"文化产业振兴院"，它针对中国市场的开拓计划主要在游戏方面。韩国网络游戏目前已占据中国网络游戏市场60%以上份额，中国相关企业每款游戏的代理价格高达数千万元，每增加一个游戏用户，还要向韩国游戏开发商支付近30%的分成费。据权威机构统计，中国网游市场巨大，国内专业游戏设计人才仅约3000人，缺口达数十万人之多。网络游戏设计不仅靠复杂的计算机编程，其中艺术设计团队的作用举足轻重。联想到三星电器、现代汽车在中国的行销以及韩剧热播的文化现象，不难体会国家产业政策支持下的艺术设计团队的力量。

壮大艺术设计队伍，不能仅仅是单纯人员数量的增加。再多的设计师的单兵或小团体作战，作用仍然是有限的，只有将他们组织起来，才能获得更大的力量。在中国，如何挖掘艺术设计师的潜能，组织有战斗力的设计团队，不值得我们深省吗？

我们应该把设计艺术的兴衰成败与国家的命运前途紧紧联系在一起，应该从战略的意义上明确一条艺术设计产业化的道路，提出"打造设计大国"的响亮口号。

艺术设计人才的培养在中国有着悠久的历史，过去是以师徒传承的方式进行的，学校方式的艺术设计教育在20世纪初才开始。中华人民共和国成立后，这一学科在高等美术院校得到比较正规的发展，20世纪50年代中期，艺术设计教育作为独立的学科得到系统发展，20世纪60年代起开始培养研究生，20世纪80年代进入硕士、博士学位的培养阶段，该学科得到全面的发展，为国家建设输送了不少人才。尽管国家有艺术设计教育的规划，但面对社会现实，不可否认的是，中国的艺术设计人才培养还处于市场调控阶段。现如今艺术设计人才短缺，就业前景广阔，艺术设计院校的学生人数也在逐年增加，许多高校都在增加艺术设计专业。但是，受限于学校和教师的条件，在毕业生数量上依然难以满足社会需求，在质量上难以满足企业技术需求，也难以承担"设计强国"的重要任务。其他专业则受到认知或利益的限制，选修课少，后继者少，前景堪忧。

（三）办好艺术设计院校

从理想到现实是一个由点到面的传播过程，先进的理念亦是如此。作为理论与实践的集合体，学校承担了为社会和国家培育人才的重大责任，同时也对社会价值观和社会舆论产生重要导向，先进的思想和理念往往在这里形成和传播。学校还是通过理论研究和设计实践解决社会问题的学术集合体。因此，在艺术设计院校要加大可持续发展战略思想教育的力度。

作为以知识与道德为载体的教师，首先应强化可持续发展战略意识和环境生态意识，提高自身的修养和素质，加强设计生态学与本专业关系的研究，把可持续发展战略的核心思想融会贯通在艺术设计专业教学过程中，使正确的价值观能够在学生中迅速传播，继而影响整个艺术设计行业乃至整个社会。

有了好的传播源，传播媒介就显得至关重要，学生作为先进思想的最直接受益者和扩散体系其作用不可忽视，而未来从事艺术设计专业的学生，他们将是可持续发展战略最直接的执行者，在对其进行思想教育和专业教育时，应始终贯穿可持续发展的设计理念，培养他们良好的职业道德水准，牢固树立可持续发展的绿色意识是艺术设计第一意识的观念。

可持续发展的设计理念不是口号，不能仅仅靠教师课堂即兴发挥讲解，还应开设固定的专门课程以及通过专题报告、讲座的形式大力宣传，除了学生在校时期的培养，还应该成为终生教育的内容。面对社会上很多从业人员这方面教育程度不足的现状，对已经从事相关行业的设计人才可以通过各个单位的培训或者重返学校进修的方式进行再教育。随着时间的推移及人才的新老交替，可持续发展战略教育的作用将会最大化地在设计产业中体现出来。

对应上述总体目标，承担着构建生存环境、转换生产观念、改变生活方式、提升生活质量重任的艺术设计各个专业，理应从战略上制定明确的纲领和目标，以求真正与可持续发展战略同步、同轨，成为其不可或缺的有机组成部分。

目前中国已有的设计行业协会、设计专业学会应该整合力量，发挥更大的作用。除了开年会研讨学术与设计评奖以及国际交流和刊物宣传外，艺术设计的行业协会、学会在收集行业发展信息，集中专家智慧进行设计产业的政策建言方面，有不可推卸的责任。在制定行业规范、设计师资格准入标准和职业道德准则方面，都应该由协会或者学会牵头，依照可持续发展的理念做出实质性的建树。

设计产业政策的制定是重大系统工程，要由国家主管职能部门组织有关专业团体和大专院校的专家学者开展科研攻关。在艺术设计学的开拓与深化研究方面、设计人才教育规划方面、制造业的设计生产法规方面、与设计相关的技术标准方面、产品设计回收再生率提高的奖励和污染浪费的惩罚方面，以上种种，理应由国家加大经费投入以保证研究成果的质量。

有条件的省市或地区，应该酝酿建立艺术设计研究院所一类的机构。还应该在艺术设计专家和业界精英中选拔最优秀者组成省、市级的设计研究机构，开展"设计立国"的方向性、宏观控制研究。在条件具备时，中国科学院和中国社会科学院应有设计科学家加入，中国工程院应增加艺术设计院士名额。各级人大、政协应广泛征集艺术设计方面的提案，开展制度、法规的研究，以期最终形成《艺术设计法》和《设计师法》，从立法的角度规定艺术设计的法律规则和设计师的权益和义务，保障艺术设计产业在国民经济和文化建设中的有成效的运作。

概言之，与全面小康社会"幸福、公正、和谐、节约、活力"等条件对照起来讨论，艺术设计能在一定程度上制定幸福的标准，是人类实现幸福的重要手段；艺术设计能够参与合理分配资源，用全面平等的设计关怀体现社会公正；艺术设计能调节人与自然、人与社会以及人与人之间的关系，达到社会和谐；艺术设计能在实践中节约能源、节约资源、节省工料、加大回收利用系数，达到全方位节约；艺术设计本身具备持续创造的品性，能促进良性生产和消费，保障社会活力。

第二节　环境生态平衡与可持续发展

生态平衡是指自然界中由各种环境因素所构成的生态系统经过长期的相互作用而形成的协调关系和平衡状态。人类一旦破坏了这种平衡就会产生一系列不良后果，包括资源的丧失及由于环境结构和环境机能的破坏所带来的对生物生存条件的威胁等。❶

可持续发展是指"既满足当代人的要求，又不影响子孙后代的需求能

---

❶ 杜白操. 国外的环境设计与居住环境 [J]. 建筑师, 1982 (10).

力的发展"，我们今天的发展不能对明天的发展带来危害，应是支持性的发展，而非掠夺性的开发；少用不可再生的资源，有条件地使用可再生资源；减少废弃物及对自然的污染，为子孙留下蓝天清水。现在以至未来，可持续性发展理念逐渐突破了自然环境的范围（即生态的可持续性，它是可持续性发展的最基本的内涵），扩展到社会、文化、经济领域的可持续性。❶

　　从20世纪70年代开始，人类的经济发展速度和对环境的破坏速度已经远远超过自然环境的自我恢复速度。经济发展与环境发展二者之间的矛盾日益尖锐，人们已经无法回避这一问题。而要协调好人类经济发展与自然发展之间的关系，就必须重新审视人类的共同价值观和世界观。1970年罗马俱乐部米多斯（D, Medows）提出"增长的极限（The Limits to Growth）"理论，指出工业化过度发展导致的环境、能源、生态危机，引起人们广泛注意。爱因斯坦说出了这样的话："我们的时代是工具完善而目标混乱的时代。"1972年6月联合国在斯德哥尔摩召开了人类环境会议，会议上作了题为《只有一个地球》（Only One Earth）的报告，并通过了《人类环境宣言和行为计划》。而后全世界掀起关注人类环境的波澜：1976年在温哥华联合国召开第一次人类住区大会；1981年国际建筑师协会（UIA）发表"华沙宣言"《人类·建筑与环境》；1984年成立了世界环境与发展委员会；1987年委员会主席挪威首相布郎特兰（Gro Harlem Brundland）在一份题为《我们共同的未来》（Our Common Future）报告中首次提出了可持续发展的概念，并建议召开联合国环境与发展大会；1992年6月3日联合国在里约热内卢召开了环境与发展大会，通过了一系列文件，世界各国普遍接受了"持续发展战略"；1994年3月25日中国国务院通过了"21世纪议程——中国21世纪人口、环境与发展白皮书"；1999年UIA第20届大会的主题是"人与自然——迈向21世纪"，通过了《北京宪章》，3R原则（Reduce, Reuse, Recycle）标志了新的环境观深入人心。

一、整体生态环境观

　　李约瑟在从中国返回欧洲时，曾对中国的自然环境给予了极高的评

---

❶　李德华. 城市规划原理［M］. 北京：中国建筑工业出版社，2001：185.

价，他讲到："我初从中国回到欧洲，我最强烈的印象之一是与天气失去密切接触的感觉。木格子窗糊以纸张，单薄的抹灰墙壁，每一房间外的空阔走廊，雨水落在庭院和小天井内的淅沥之声，使个人温暖的皮袍和炭火——在令人觉得自然的心境，雨呀、雪呀、日光呀等。在欧洲的房屋中，人完全被孤立在这种境界之外。"中国环境规划"不能失落他们的风景性质，中国建筑总是与自然调和，而不反大自然"。❶

中国古典园林建筑十分讲究整体的生态环境设计，就从园林的选址方面来看，其整体生态环境观念主要表现为以下几点：一是因地制宜。通常，园林的选择要依地势高低曲直决定，并结合地形情况来布置园内景观；二是坚持傍山带水，山因水活，水随山转，以山水的基本结构；三是遵从阳宅"卜筑"的原则，即选择一种"天时、地利、人和"的环境，这也在一定程度上体现了中国传统的文化观与哲学观。园林艺术强调以山为园林的骨架，以水为园林的血脉，这一点与中国传统山水画的追求相一致。事实上，也正是因为将山水元素融入园林之中，才使得园林艺术展现出自然生命之感。

帕特里克·盖兹（Patrick Geddes）曾撰写了《演进中的城市》一书，在这本书中，作者对人类社会及生态发展等问题进行了详细的论述。作者本人认为，他自己的观点与亚里士多德的观点相似，并在亚里士多德提出的相关理论的基础上进行了进一步发展，即在进行环境设计时，将一整座城市看成一个整体，并认为城市是按生态学原理建立起来的人类聚居地。也只有城市的建设以生态学为基础，才能确保城市的运作健康、协调、有序，进而促进社会的协调发展。理查德·瑞杰斯特（Richard Register）作为著名的美国生态建筑学家，他曾对生态城市这一概念进行界定，并认为，生态城市是指生态方面健康的城市，它寻求人与自然的健康，并充满活力和持续力。❷

随着相关学者的不懈努力，学术界对环境生态平衡与环境设计的审美、方向以及观念逐渐产生了较为一致的认知，即生态环境对人类社会而言具有真实存在的价值，人类应当将自己看作生态平衡系统中的一部分，

---

❶ ［英］李约瑟. 中国的科学与文明（中译本第 10 册）［M］. 台北：台北商务印书馆，1977.

❷ 梁雪，肖连望. 城市空间设计［M］. 天津：天津大学出版社，2000.

人类的生活和发展过程本来就属于生态运转的一部分，只有人类积极地参与到生态平衡系统之中，才能缓解现代城市发展对自然环境带来的巨大压力，并为人类的未来创造更加美好的生态环境。

（一）乡村自然式及乡土化设计

乡村环境的规划设计的本质是寻求人与自然和谐的状态。对于乡村而言，优越的自然环境是其宝贵的财富，如果乡村不利用好其宝贵的财富，那必然导致乡村的没落。在乡村环境设计中，首要的原则应当是让自然融于设计的主题，在这一原则的指导下，设计师不应对原本存在的自然景观进行过多的干预，并尽量保持其本来面目。尽管城市化的步伐日益加快，但许多乡村依然保留着乡村原本的风貌，而乡村中的天然景观则是千百年来自然的鬼斧神工造就的，因此这些天然的景观特征应当被视为每个乡村的环境标志。那么，在当代的乡村生态环境设计中，就要以这些自然形成的景观标志为基础，以突出这些景观标志为原则，以协调乡村人民生活质量和自然景观之间的关系为根本目的。

（二）城市环境生态保护

"有机设计"这一概念已经提出了相当长的时间，且在各种研究成果中均有提到。事实上，"有机设计"并不是一个空洞的词汇，其中所包含的意义对当代环境艺术设计有着重要的指导意义。生物学相关理论能够为环境艺术设计师的工作提供不少有价值的理论信息。

在整个生态学的认识过程中，主要是对生物学的整体认识，也就是说，在整个设计过程中会存在不同的支持方法。现在我们已经开始研究包括动植物在内的所有生物之间的动态关系，他们之间以及与地球表面某一特定区域内的整个环境的其他力量有着天然的关系。

每一位环境艺术设计师都盼望着我们的城市生活环境变得更加美好，我们希望，曾经光秃秃的街道，绿荫掩映，花草树木丰茂；装饰花、窗台盆花、吊兰勾勒出店面的轮廓；闲置的角落和落后的立体种植床和座椅被改造成迷你公园；水泥干道的中间隔离带成了展览四季植物的重要区域；城市闲置土地的垃圾被清除，成为社区公园和市民的娱乐聚集空间；受污染的河道得到修复，清澈的蓝色的水流重现在人们面前；湖滨水岸成为景观的焦点，市民为之自豪。

在城市中心地带，对目前存在争议的停车场和建筑物进行调整或拆除，可以为城市中心区的进一步发展腾出场地；将那些使用率较低的土地统一收回，并将其划入公园场地的建设当中，能够最大限度提升城市土地利用率，并在一定程度上改善市民的生活环境质量。坚持"有机设计"城市环境设计原则，能够促进城市各种公共用地的联合使用，并建立起城市公共用地联合管理系统，进而方便日后相关管理部门的统一监管。在政府和相关学者的不懈努力下，当代城市终究会达到理想状态，即"以四周花园式公园环绕，建筑、道路和集会场所优雅地点缀其间"。❶

二、特殊性环境生态要求

（一）风景名胜区规划与保护

风景名胜区的保护也被包含在历史文化遗产的保护范围内，而历史文化遗产的保护则是在文物建筑保护的基础上逐渐发展起来的。事实上，早在 19 世纪后期，世界各国对人类文物建筑的保护意识都已经得到了初步的建立，许多西方发达国家率先建立起相关的规章制度，并以此来推动对本国的文物建筑保护工作。我国在 1982 年 2 月，国务院批准了国家建委、国家城建总局、国家文物局《关于保护我国历史文化名城的请示的通知》，将北京、曲阜、苏州等 24 个城市确定为首批国家历史文化名城（于 1986 年和 1994 年又公布了第二批 38 个、第三批 37 个国家历史文化名城，各地也陆续确定了一批省级历史文化名城和历史文化名镇）。1982 年 11 月 19 日，由全国人大常委会通过了《中华人民共和国文物保护法》。1986 年明确提出了"历史文化保护区"的概念，同时，中央明确对各级地方政府提出了依据具体情况审定公布地方各级历史文化保护区的要求。在这之后，全国各地纷纷开始深入挖掘本地区的历史文化遗产，并提出了对历史文化区的保护与改造方案。风景名胜区是历史文化保护区中的重要组成部分，且推动风景名胜区的挖掘、保护与改造，还能够极大地提升地方文化旅游

---

❶ ［美］约翰·O. 西蒙兹. 景观设计学［M］. 俞孔坚，壬志芳，孙鹏，译. 北京：中国建筑工业出版社，2000：346.

产业的发展，因此全国各地对此都表现出强烈的积极性。值得一提的是，在采取规划与保护手段的同时，特别是不要破坏原有生态并考虑到以后将要出现的生态问题。

任何一座城市都有其辉煌的发展历史，而对一座城市的历史文化的保护不仅在于保护传统文物建筑不受损坏，更在于保护其具有淳朴的"虚"的外在空间，即保留文化氛围下的完整的文化环境，并尽量提升文化景观的生存能力，使"景观遗产"不轻易遭到破坏。除此之外，目前还存在一些仍在使用的历史文化环境，这些文化环境不仅具有悠久的历史文化价值，而且在今天依然能够发挥重要的文化影响力，其自身在不断发展的过程中还会产生更为深厚的文化历史积淀，因此此类文化环境的保护和在开发也需要得到人们足够的重视。这就要求，在对其进行保护的过程中不仅需要古建学家、历史学家、工匠们积极参与古建筑的修复和维护工作，更需要当代环境艺术设计师根据当代城市发展的需要，来对这些建筑及环境进行创新设计。这些富有历史积淀的历史文化建筑及文化环境在当代城市中的作用是多方面的，它们不仅能够彰显城市的文化传统和民族精神，还能够推动城市传统精神与当代社会文化相融合，即在保留旧有城市的结构的同时，让新时期的城市展现出时代的新气象。从另一个角度来讲，对于那些在城市历史文化地段以外的地区，其环境的设计应当以展现当代社会文化风气为核心，并试图探索新的设计模式，为城市居民带来更为方面快捷、科技含量更高的城市生活环境。自然，无论是对哪种地段的城市环境进行设计，都必须以其自然环境和文化背景为基础，并着重发展本区域的传统特色，在一些新设计中蕴含有"旧"的文化根基。❶

（二）城市水系绿系规划设计

水被誉为地球的"生命之源"，地球上任何生命体的生存都离不开水资源。而对人类的生存而言，水资源不仅是人类维持生命的重要资源，更成为人类社会环境中不可缺少的景观。在中国传统园林设计当中，水系的设计直接关系到园林景观设计之成败。这不仅因为水系具有无可替代的环境审美价值，更是因为中国传统哲学中对建筑风水的要求。自古以来，一些兴旺发达古代城池都会开凿护城河，这种工程体现了水系对城市安全防

---

❶　吴良镛. 广义建筑学 ［M］. 北京：清华大学出版社，1989：167.

卫的重要价值。除此之外，水路还是重要的交通方式，水路运输自古以来都是城市与城市、国家与国家进行经济交流的重要渠道。从这里我们不难看出，对城市的水系进行科学的设计不仅关系到城市环境是否优美宜人，更关系到城市整体的发展，因此水系设计是城市环境设计中不可忽视的一部分。

从生态学的观点来看，城市内部结构的发展是以城市生态系统为支撑的，而绿系则是城市生态系统中不可缺少的一部分，因此城市内部结构的协调与城市绿系的建设之间有着千丝万缕的联系。城市绿系所包含的范围十分广泛，诸如城市街道绿化、居民区绿化、独立式公园、滨水绿化带、城郊森林公园等都包含在其中。霍华德作为英国著名的社会学家，曾提出过"田园理论"，他在这一理论中就明确提出，应该用绿色圈住现有城市地区。在当代，许多的"带形城市"在进行城市环境规划设计时，都会采用城市建设用地沿着河流或绿化带延伸的指导思想。而"楔状绿地"建设思想则是指，在对城市环境进行规划时，将城市周边的森林景观引入市区，进而形成整体的城市绿化体系，并使绿地系统最大限度发挥作用。欧洲许多城市的绿系规划都采用了点状绿地与大片绿地相结合的形式，这种形式不仅能够营造出集中的绿化区域，还能够兼顾整个城市的绿化需要。

城市绿地系统建设的生态学原则可归纳为以下几点：①建成群落原则；②地带性原则；③生态演替理论；④潜在植被理论；⑤保护生物多样性原则；⑥景观多样性原则；⑦整体性和系统性原则。在这其中，最值得关注的是生态演替理论和潜在植被理论。所谓"生态演替"，即指旧有群落被另一个群落所替代的过程。而"潜在植被"则是指在一座城市中，那些具有鲜明地带性特征的自然植被可能已经消亡，当下存在的大多为衍生的或人工临时性的植被类型。要维护这种类型的植被，既不经济又很难使其稳定发展，更无法达到促进绿地价值最大化的目的。因此，作为城市环境设计者，一定要找到目标城市在自然状态下最适宜发展的自然植被类型，并根据地域气候、地形、土壤、水质等多方面条件来做综合判断，即找到"自然潜在植被"。只有做到这一点，才能推动城市环境的良性发展和城市环境的效益的不断提升。

（三）废弃地恢复性设计

随着城市的不断发展和扩大，原来的老城区环境必然逐日走向衰老，城市的经济文化中心也必然逐渐向新城区转移。这就导致老城区存在众多零散分布的废弃地段。随着土地资源的日益紧张，城市的发展和规划受土地资源的限制越来越严峻。在这种情形下，如何利用好城市废弃地段，并对这些地段进行恢复性设计，成为进一步提升城市繁荣度的重要途径。

对城市废弃地段的恢复性设计主要针对的是那些遗留的码头、仓库、车站、机场等地。这些用地往往在接近城郊的地区，且这些建筑大多已经停止使用，不仅无法发挥其原来的功能，甚至还会消耗不少的维护与管理资源，并在一定程度上对当前的城市生态产生负面影响。这些用地都可被称为"消极空间"，只有城市的设计不断减小消极空间的存在，才能最大限度提升城市运行效益。就这类地区的改造设计而言，我们可以参考芝加哥的城市设计方案。芝加哥城市中曾有许多河道，这些河道最初是用来运输货物的交通要道。随着城市的不断扩张和各种运输方式的不断发展，这些河道逐渐被遗弃。后来，政府将河畔的旧工厂、仓库改造为滨河住宅，并在河岸边建设了不少便民的商铺，如便利店、咖啡厅等，使这里成为景色宜人的居住、休闲区。此外，北京前门车站修建时原名为京奉铁路正阳门火车站，车站东移后改为综合商场，保持了原有风貌。

对于当代的城市环境艺术设计而言，那些具有历史风貌的建筑区是彰显地域历史文化的重要元素。因此对于一些近代建筑或景观，只要条件允许，应尽量保留原样，并在此基础上进行科技化、人性化的设计，同时将这些古老的景观与当代城市发展相结合，为其赋予新的功能，使其发挥新的作用。

三、环境的可持续发展要求

尽管我国自然资源丰富、风景秀丽，但实际上我国的自然生态环境并非像文学作品中描绘得那般诗情画意。许多地方存在生态环境治理不到位、环境污染严重的问题。此外，土地的不合理使用了加剧了环境的恶化。在过去乱砍滥伐和过度放牧等行为的影响下，草原沙漠化、山林水土流失等问题日益严峻，已经给人类日后的生存造成了极大的困难，这些环境生态问题都有待进一步进行解决。《建筑模式语言》一书的作者亚历山大就说过："农业上最好的土地，也常是最好的建筑用地，但耕地是有限度的，一旦遭到破坏，上百年也难于重新获得。"而萨迪亚斯（Doxiadias）作为希腊学者，则在他的《人类聚居学与生态学》一书中提到："地球上的资源是不会枯竭的，但是土地、空气和水是不可能增加的，这将确确实实地限制我们人类的数量。"但我们目前面对的现实比萨迪亚斯的预想更为严峻，因为地球上的自然资源并非是"不会枯竭"的，如果人类的发展过早地消耗完现有的资源，那必然会导致人类社会发展的停滞，甚至急速倒退。在当代，城市环境的设计对可持续发展问题的考虑更加深刻，尤其是在对能源利用方面进行了更多的探索。"重能源的设计"就是在当下能源匮乏的时代背景下提出的一种重要的设计理念。这一理念要求设计师把握好城市的发展定位，并最大限度利用当地有用的环境控制技术、能源设计技术、采光理论、为节能服务的能源模型等技术。

建立起具有可持续发展能力的城市环境艺术体系是一个十分复杂的工程。这不仅需要环境艺术设计师、城市规划师、建筑师的共同协作，更需要政府相关部门的大力支持和社区组织、业主等人员的积极配合。只有自上而下树立起生态保护意识，才能真正推动城市生态系统建设。

第三节　中国生态性环境艺术设计困境和发展方向

一、中国生态性环境艺术设计的困境

（一）国内生态性环境艺术设计中"拿来主义"盛行

我国生态性环境艺术设计学科的起步较晚，因此在这一学科的成长和发展过程中，主要是以西方相关理论为支撑的。尽管通过学习和借鉴西方的先进理论技术，能够帮助我国快速建立起这一专业学科，但不可避免地会出现"拿来主义"倾向。自20世纪以后，美国、日本等发达国家的生态性环境艺术设计得到了快速的发展，这些国家的理论与实践成绩也成为我国后来发展该学科的重要参考。然而，正是在学习和借鉴美、日等国家的经验的过程中，我国的生态性环境艺术设计发展也逐渐表现出畸形化的特点，甚至在一定程度上助长了美、日文化灌输的气焰。许多国内学者甚至认为，凡是美、日两国的设计，都是优秀的，且都可以被应用于国内的设计当中。在这种学术氛围的影响下，我国的生态性环境艺术设计一度呈现出盲目照搬照抄美、日设计的风气，这也从侧面反映出我国这一学科渴望速成的不健康的发展思想。在"拿来"的过程中，设计师忽视了中国本土文化艺术的价值，并将与中国环境不相符的西方文化强行灌输进中国的城市，这也导致我国早期的生态性环境艺术设计发展十分不顺利。从短暂的行为来看，这些西方的文化在中国的应用可以是一种"时尚"，但从长远来看，这种"拿来主义"的行为会破坏我国城市环境文化艺术的整体性发展，导致我国城市的建设最终形成"大杂烩"的局面，即找不到城市的真正特点，全国城市环境既千篇一律，又没有特色。从这一角度来看，这种"拿来主义"的行为不仅没有促进我国城市环境艺术设计的真正发展，甚至给未来城市环境的改造与治理均埋下了深深的隐患。

（二）国内生态性环境艺术设计中本土生态文化的缺失

自改革开放以后，随着我国市场经济的逐步繁荣，消费主义文化也逐渐在当代社会流行起来，并演变成社会流行文化的一部分。在这种文化思想的驱使下，我国一些环境艺术设计师由于急功近利，因此在承接城市环境艺术设计项目后，不顾对本土文化的挖掘，而是将西方环境艺术设计成果进行生搬硬套，导致我国生态性环境艺术设计普遍存在本土生态文化严重缺失的问题。而中国有着五千多年的历史文明，且中国地大物博、自然风景丰富秀丽，这些都是当代生态性环境设计的重要资源，如果不利用这些资源，而舍近求远去借鉴西方的成果，那么就是对民族传统的漠视和对本土资源的浪费。

中国本土的生态文化是中华民族几千年来培育出来的。如果我们这样抛弃它，那就太可惜了。我们能够目睹一个人的去世，能够看到一个物种的消失，但却很难察觉一种文化的消亡。因为文化的消亡是一个潜移默化的过程，当我们发现它衰败时，要想重新振兴它，可能为时已晚。

（三）国内生态性环境艺术设计中对传统生态建筑的破坏

本土的建筑群体通常具有整体性特征，这些建筑群落是在特定的文化历史背景下形成的，因此文化历史背景和独特的地理条件就是连接这些建筑群落的纽带。换言之，如果当代的城市生态性环境艺术设计是建立在破坏这些本土建筑群落的基础之上的，那么这座城市原本的生态系统必然遭到破坏。而通常情况下，局部的环境艺术设计是无法构建起城市整体生态系统的，因此这种设计思路将彻底打破城市的生态平衡，并对城市日后的环境发展埋下隐患。对本土建筑的保持并非仅仅是对建筑本身的保持，还必须对本土生态环境进行保持。另外，一些贫困农村的本土建筑被毁，与我国目前大批农民工的出乡是有一定关系的，这就说明本土文化的缺失与我国经济发展的现状存在密切的关系。

（四）国内生态性环境艺术设计中消费主义的过分操纵

消费主义的蔓延，使上层社会的生活方式向中产阶级乃至整个社会蔓延，这对环境、资源、生态造成巨大压力。消费决定市场，因此随着社会市场化发展不断深入，消费主义对社会发展的影响也越来越大。当然，这种发展倾向本身是由于人们对消费文化的误读而出现的，而导致的结果，就是社会的发展被消费主义操纵。当代的生态性环境艺术设计也面临着同样的问题。现如今，生态性环境艺术设计活动中掺杂了过多的消费主义成分，导致生态性环境艺术设计的形态设计的作用开始异化，并使城市文化出现倒退。此外，设计本身也具有刺激消费的作用，因此设计活动也在一定程度上助长了非理性消费观念，进而使人们的消费行为超出自身的消费基本需求。在承认技术进步及私人生活极大满足的同时，我们突然发现人类共有的资源、公共的利益遭到人为的史无前例的破坏。

现如今，很多国外的环境艺术设计师来到中国从事设计工作，他们并没有真正了解我国的地域文化和城市发展需求，而是将中国视为他们个人职业发展的试验田。尽管这些由外国设计师负责的项目中，有不少作品也将中国传统民族元素融入其中，但大多都流于表面，且作品给人一种不合时宜之感。这些作品不仅没有最大限度发挥城市生态环境设计的作用，反而浪费了大量人力、物力、财力，这种做法显然是不明智的。

二、中国生态性环境艺术设计的发展方向

（一）正确吸收外来生态性环境艺术设计精髓

西方一些哲学家认为，中国人的很多东西都有千年的历史，如果这些具有千年文化积淀的东西能够被全世界共同利用，那么人类的世界将会变得更为丰富多彩。在这些哲学家看来，轻视东方的智慧是忽视真正文明的行为。事实上，我们今天看到的，正在使用的中国文化仅仅是中国传统文化的冰山一角，既然我们有这么多文化资源，那为什么要奉行"拿来主义"呢？这也折射出当代中国人对自己民族传统的陌生。对于外来的生态性环境艺术作品，我们应当去仔细地分析，并了解其他国家在这方面取得的最新成果，了解他们的新思维、新创意。但这不是我们奉行"拿来主义"的理由。随着生态环境破坏问题日益严峻，当代中国环境艺术设计师必须时刻保持理性的思维，用正确的态度来对待中外文化，坚决杜绝强行嫁接的行为。我们都希望当代中国能够涌现出更多的优秀的本土生态环境艺术设计者，只有这些接受过专业教育的新一代设计师，才能帮助新时期我国城市生态环境设计进入崭新阶段，并对曾经遗留的问题进行系统的解决。在未来我国的城市生态环境艺术设计发展的过程中，必须要坚持立足世界、运用科技、兼顾本土文化的基本原则，进而设计出属于我国独有的生态性环境艺术设计作品。中国设计师应该在正确吸收外来优秀经验的同时，不断创新，不断继承本国优秀传统，做出独具中国特色的作品。

（二）有效防止生态性环境艺术设计中本土生态文化的缺失

随着我国近几年来经济、文化发展取得了瞩目的成绩，我国已经逐渐站在了国际舞台的核心区域，自然，中国的文化艺术也成为全球关注的焦点。加之我国人口众多，本身具有极大的市场潜力，因此外商纷纷将投资的目光转移到中国，甚至不惜利用文化因素，向我国倾销外来文化，并企图通过西方文化来磨灭我国公民的本土意识。在这种情形下，如何保护我国城市文化积淀，保护我国传统文明不受侵害，并不断提升国民的本土文化意识，成为当代城市生态环境艺术设计必须要考虑的问题。

就生态本土文化的发展而言，不同民族的人民往往抱有不同的愿望。但值得注意的是，当代环境艺术设计中，十分重要的一项原则便是融入人文因素，这就要求设计师深入剖析地域文化，包括地理文化、气候文化、自然资源文化、历史文化、民俗文化、科技文化等。例如，我国北方城市的环境设计注重表现辉煌和大气的风格，这与北方人民的性格特征相符合，而南方城市则更希望展现出幽静宜人的园林风格，这不仅是因为我国南方人民具有雅致的生活情操，更是因为中国传统园林艺术发展历史的积淀。再如，在我国一些少数民族聚居区，有利用木头或竹子建造房屋的习惯，这种建筑风格是当地自然环境造就的，因此这种风格也可融入当地的生态环境艺术设计当中。

（三）对传统生态建筑采取再建造和改造的态度

现如今，我国许多地方为了进一步发展城市，并扩大城市面积，都对原有的传统建筑物进行统一拆除。事实上，对传统建筑物的拆除是新事物替代旧事物的正常过程，但所拆除的一定是那些从各方面来讲都没有利用价值，甚至其存在还会对城市的发展产生负面影响的建筑。因此，在当代的城市规划中，相关工作者首先要对传统建筑物的功能价值、文化价值、经济价值等进行正确的判断。许多传统建筑不仅具有深厚的文化历史价值和艺术价值，如果对其进行适当的改造，还能够发挥更多的现代城市功能价值，甚至利用这些传统建筑能够带来比新建建筑更多的收益。其实传统建筑对于现代环境艺术设计的参考性是非常大的，我们不应该直接把这些东西丢掉、拆掉，而应该进行一些恢复和再造活动。此外，对民族传统建筑进行深入剖析应当成为每一位环境艺术设计师的必修课，那些从传统建筑设计中提炼出来的精华部分依然可以运用到彰显时代特征的现代环境艺术设计当中，并在其与时代因素相融合的过程中得到升华，这不仅能够将传统民族文化发扬光大，更能够为当代城市环境设计的发展指明方向。

（四）尽量避免在生态性环境艺术设计中消费主义的过分操纵

消费主义是西方文化的产物，奉行消费主义的国家中，最具代表性的就是美国。他们习惯于超前的消费，而这种超前的消费已经超过了人的实际消费需求，是对人消费欲望的无节制扩大。因此，当代的消费主义文化本质上是一种被享乐主义曲解了的消费观念，是不健康的消费观念。尽管从理论层面来讲，消费决定市场、消费促进经济的发展，但如果全人类都奉行过度消费的行为，那么必然会导致对自然环境造成过度的压力，进而引起自然与人类社会之间的不平衡。自然，这是不符合人类可持续发展战略的。

从环境艺术设计的本质目的来看，对环境进行设计，就是要满足当下人们的各种需求。因此，生态性环境艺术设计的目的就是在满足人们合理消费需求的同时，尽量减少人类对自然造成的压力，并尽量提升环境的恢复能力。自然环境并不是可再生的资源，一旦破坏到一定程度，就无法恢复。所以推行生态性环境艺术设计是推动人类社会健康发展的必要保障，在设计中远离"消费主义"，注重自然与人的和谐关系是当代生态性环境艺术设计之关键。大自然的生存法则不因人的意志而发生改变，只有把握好利用自然的"度"，才能实现人类的可持续发展。

第四节　艺术设计可持续发展的控制系统
与决策机制

对于艺术设计而言，无论是出现之前的构建，还是生产的过程到最终的艺术品呈现，都是依靠人类的大脑去实现的。艺术的价值是通过相关产业才得以实现和提升的。虽然艺术设计是依托工业文明而生，但是在后工业时期，社会已经进入了信息化、数字化、全球化的全球知识共享时代与经济时代，艺术设计在此时才能够成为一门独立的学科和产业，并在新时代的中国发挥出其应有的作用和价值。

一、艺术设计可持续发展的控制系统

基于"可持续发展"系统下的控制子项——艺术设计控制系统，除了包含系统的一般概念，还特别注重于"整体协调""内在关联""交叉综合"三个基本的主要特征。

"整体协调"指的是艺术设计的内部构建与外部的呈现是和谐统一的。也就是说在内部的构建之中，每个因果关系都要进行具体的考虑。不仅要对不同专业的内部构建差异进行协调，还要对艺术设计的外部环境和发展空间进行考量。当系统整体面对不同的地区与产业、不同的社会机构与个人，艺术设计发展的本质就在于怎样去对整体观念进行和谐统一。这种整体观念的和谐可能会面对各种因素，如何能够让其在这种差异巨大的规模、利益、层次以及功能作用等因素之中受到控制："发展的总进程应如实地被看作是实现'妥协'的结果。"

"内在关联"指的是艺术设计系统以外部环境为基础对专业进行整合的内生力，这里所提到的内生力用数学的概念可以解释为："系统内在关系和状态的方程组中的各个依变量集合，以及这些变量的调控将影响行为的总体结果。"在艺术设计的实践之中，内生力可以具体体现为相互关联的系统内动力、创造能力以及潜在能力。而且内生力还会受到当前环境的影响，特别是受到资源的数量、环境空间的大小以及科学技术的发展水平的影响。

"交叉综合"强调的是综合中交叉的作用，而不是简单的叠加，是涉及艺术设计系统发展的各要素之间相互作用的组合。"这种互相作用组合包含了各种关系（线性的与非线性的、确定的与随机的等）的层次思考、时序思考、空间思考与时空耦合思考：既要考虑内聚力，也要考虑排斥力；既要考虑增量，也要考虑减量，最终要把发展视作影响它的各种要素的关系'总矢量'。"

系统是由同类事物结合成的有组织的整体。系统论着重从整体与部分之间、整体与外部环境之间相互联系、相互作用、相互制约的关系中综合地、精确地考察对象，并定量地处理它们之间的关系，以达到最优化处理。"整体协调""内在关联""交叉综合"作为艺术设计系统的控制内容，在可持续发展理论的生成中具有重要的意义。因此在艺术设计领域实施可持续发展战略，必须依靠对艺术设计系统的有效控制。

艺术设计对于国家总体可持续发展的意义主要体现于管理的调节能力。决定艺术设计可持续发展的能力和水平，可以通过以下五个支持系统及其之间的复杂关系去衡量。

（一）生存支持系统

"生存支持系统"是可持续发展的支撑能力，以供养人口并保证其生理延续为标志。然而作为艺术设计的可持续发展支撑能力，则具有其自身发展特殊的内在社会含义。

艺术设计通过人脑思维以知识积累与传递的方式创造财富，因此具有典型的知识经济时代特征。由于当代经济和社会的发展越来越依赖于知识创新和知识创造性应用，越来越呈现全球化的态势。实际上，21世纪的人类已然迈进了全球化知识经济的时代门槛。知识经济时代是以信息化作为基础的，信息化以知识为内涵，又成为知识创新、知识传播和知识的创造性多样化应用的基础。随着数字网络化技术的广泛应用，设计者的任何创意都可以通过计算机强大的表现功能完美展现，于是创意的知识信息含金量成为决定最终成果优劣的基础。原创的知识信息具有极高的社会价值，复制的知识信息则不具备市场认可的社会价值，这就是艺术设计界的知识产权问题，这个问题在知识经济的时代被放大到足以危害业界生存的严重地步。

中国的政治经济运行正处于转型期，社会主义的市场经济尚处于试运行的状态，这也代表着消费市场目前也处在初级阶段。在目前，人们对于知识产权的观念不够重视，这是由于人们长期以来对于脑力劳动者的劳动产出的漠视所造成的。普通人对于艺术设计的价值认识比较浅显，习惯用物质价值去衡量艺术价值。这种思维方式所引发的问题主要体现在人们过于重视投入和产出在物质上的数量或关联。因此，也就导致国内艺术设计者创作群体极为恶劣的生存环境。我们不可能超越时代，但是外部世界留给我们的时间却极为有限，想要建立起一个良性循环的设计市场，就需要先构建起能够支持艺术设计可以持续发展的良性系统。想要构建起这个系统，那么就不得不去满足社会对于艺术设计的要求。在逻辑关系上，当"生存支持系统"被基本满足后，就具备了启动和加速"发展支持系统"的前提。

（二）发展支持系统

"发展支持系统"的表现特征为：人类社会对于自然条件下的"第一

生产力"的利用不够满意（也就是利用太阳能进行光合作用生产力），进而开始使用不可再生的消耗资源。应用多要素组合能力，生产更多的中间产品，形成庞大的社会分工体系，以满足人们除了基本生存必需之外的更高、更多的需求。对于艺术设计的发展支持系统而言，则是专业分工在可持续发展观念指导下，以环境概念进行整合而产生的新型设计体系。

人类社会的发展需求，促使社会生产力的不断提高，生产力的发展又促使社会分工的加剧。人类历史上的第一次社会大分工，是畜牧业和农业的分工；第二次社会大分工，是手工业和农业的分离；第三次社会大分工，是商业的形成。在社会分工日益精细的大背景下，艺术逐渐与技术分家，成为独立的满足于人们精神审美需求的社会特殊门类。工业化后的社会分工进一步发展到近乎饱和的结晶状态，过细分工的结果又引发出一大批相近的边缘学科。时代的发展需要艺术与科技进行相互结合，这就是现代艺术设计诞生的必然性。现代艺术设计是一种艺术与科技、精神与物质、审美与功能性相互结合的社会分工形态。例如，平面的视觉设计开始被印刷艺术品所逐渐取代；造型艺术设计开始被日用艺术品逐渐替代；空间设计逐渐被室内设计所取代。在 20 世纪 70 年代，现代艺术设计便开始在发达国建逐渐流行起来，这就导致了产品需要具有艺术设计的理念，没有艺术设计的产品已经被逐渐淘汰，这意味着伴随市场的需求，艺术设计的产品已经成为许多国家的要求。

但是，艺术设计的发展依然没有摆脱基本的社会分工形态，也就是从整体到细分，并且细化得越来越精细。由最开始的美术专业逐渐发展出工业设计、平面视觉设计、织染设计、陶瓷设计、服装设计以及室内设计等独立的学科。每个门类又繁衍出自己的子项。以染织设计为例：扎染、蜡染、浆印、拓印、丝网印、机印、编织、编结、绣花、补花、绗缝，几乎每一项都可发展成独立的专业。这些专业在各自的发展过程之中都形成了一套非常独立的特征体系。以艺术的整体角度来看，特殊的独立性是非常值得称赞的，但是从外部环境的角度来说却不是如此。每一门艺术设计专业的发展都需要独立的空间与时间，也需要社会资源的支持，设计离不开政治、经济以及科学技术等因素。而面对地球村越来越小的趋势，自然环境日益恶化，人工环境无限制膨胀，导致商品市场竞争日趋白热化。个体的专业发展如不以环境意识为先导，走集约型综合发展的道路，势必走入自己选择的死胡同。社会分工从整到分，再由分到整是历史发展螺旋性上升的必然。这种由分到整的变化并不是专业个性的淡化，而是在统一的环境整体意识指导下的专业全面发展，这种发展必将使专业的个性在相融的环境中得到崭新的体现。单线的纵向发展，还是复线的横向联合，同样是这个多元的时代摆在每一个设计工作者面前的课题。显然，从可持续发展的需要出发，复线的横向联合模式更符合"发展支持系统"在新形势下的要求。

从艺术设计的整体发展道路以及趋势来看，艺术设计系统的构建过程是有排列顺序的，生存支持系统在发展支持系统之前。通常情况下，任何事物都是先生存再发展，如果无法生存就提不到发展。所以，生存置于发展之前是艺术系统中两者的相互关系。

（三）环境支持系统

"环境支持系统"指的是艺术设计能够以"人与自然"的关系为基础进行可持续性地发展。艺术设计的是一种知识经济发展出的创新性系统，它的最终目的还是主要作用于商品之上，也就是将艺术设计附加在商品之中去满足大众的物质需要和精神需求。但是这种艺术设计的商品不能无止境地去满足大众的需求，若是设计者无限制地满足大众的物质和精神需求，便会如同普希金笔下"渔夫和金鱼"的故事一样。一旦艺术设计为了追求无止境地满足人类的两大需求时，势必会变成艺术设计在其领域之内无限制地掠夺资源和广泛意义下的生态系统。这就势必会将生态环境进行毁灭性的破坏，不仅将人类赖以生存和发展的环境基础大肆破坏，还会增加人类对于自然的干涉度。这种对于自然的干涉度会成"非线性"的趋势猛然增加，最终完全破坏人类的生存和发展基础。

艺术设计只是人类生存系统文化层面的一个子项，其对整体的生态环境系统的影响在工业文明尚未进入信息时代的前期不是十分明显。但是随着20世纪后期人类开始进入信息化的时代，知识创新和知识创造性应用在社会发展中的作用日益明显，全球经济一体化的态势使21世纪成为知识经济的时代。正是在这样的背景下，艺术设计以其学科的文理综合优势走向了前台，开始扮演起重要的角色。因此人们需要未雨绸缪，要把艺术设计的生存和发展系统控制在环境支持系统之内。这样才能够对艺术设计系统进行优化，能够使其发挥出应有的作用。如果艺术设计的生存和发展系统超出了环境支持系统的预定，那么就会引起环境生存系统和发展系统的崩溃，一旦出现这种情况，不仅无法达成艺术设计系统的可持续发展的目的，还将无法保证自身的生存环境。在艺术设计可持续性发展的构建之中，"环境支持"系统是生存支持系统与发展支持系统的预警限制，它能够对两者系统的健康度、发展度、合理度以及优化度进行监测和预警。

（四）智力支持系统

"智力支持系统"作为艺术设计可持续发展战略结构体系中的最后一个支持系统，相对于其他系统而言是最为重要且具有目标实现意义的终极支持系统，这与艺术设计的内涵特征有着直接的关系，因为艺术设计的成果本身就是人智力的外化体现。"智力支持系统"在整体的可持续发展战略结构中，主要与国家、区域的教育水平、科技的发展程度、管理与决策能力有关。因此，智力支持系统能够对全部支持系统的最终结果进行很大程度的限制。以某个国家的可持续发展性战略目标来讲，智力支持系统的强大与否能够直接影响到战略目标的成功与否。假若某些地区或者某些行业的科技水平和教育能力有限，那么必然会导致可持续发展的后劲不足，因此也就失去了"可持续性"，最终导致其无法跟随整体社会的发展进程。智力支持系统作用的体现需要去使用知识和智力对世界进行不断地改善、协调、引导、创造。要让社会能够更加合理、科学，让管理者的能力和决策水平不断提高，只有这样，智力支持系统的作用才能完全体现出来。

艺术设计可持续发展战略结构体系中的智力支持系统的建构具备自身的特点。这个支持系统应该由科学的教育、创作、管理、决策四个层面构成。教育是支持系统的基础层，创作是支持系统的操作层，管理是支持系统的协调层，决策是支持系统的目标层。四个层面中目标层处于整个支持系统建构的顶层，成为艺术设计智力支持系统的终极限定层。

（五）社会支持系统

"社会支持系统"是艺术设计可持续发展在"人与人"关系层面的基础支撑系统。在可持续发展战略的整体系统中，"社会支持系统"包含社会安全、社会稳定、社会保障、社会公平等制约要素，是以提高人类社会的文明进步为前提。社会支持系统内部矛盾的平衡是生存、发展、环境支持系统实施的基础，这个基础一旦被破坏将直接影响前三项系统的支持能力。从这个意义上去作内部逻辑分析，该支持系统是前三项支持系统总和能力的更高层限制因子。

艺术设计的本质在于创造，而创造的过程是受控于社会的现存运行机制，涉及社会的意识形态、道德伦理、经济结构和政治制度。在农耕文明的时代，绝大多数国家的政治运行处于封建制社会政体的控制之下。尽管也有着相应的法律，但是以个人意志为决策依据的"人治"是其政治的核心内容。在那个时代具有与艺术设计运行相关概念的事物，无不以体现当时价值观的社会政治来实施运行，青铜器的形制、服饰佩玉的造型、故宫的建筑空间序列都是其典型的代表。当时间进入了工业文明时期，资本利益的最大化便成为社会经济发展的主要目的。产品的产出要具有大众化的功能，这也是市场能够有运作和统一规范的动力。国家对于产品和市场制定了相应的法律条文，让社会能够在法治的基础上和谐运作。这时，艺术设计者所拥有的知识产权便受到了相关法律的保护，并且通过相应的产品实现了自身的艺术价值，艺术设计出的商品也逐渐成为艺术平民化最好的载体。

二、艺术设计可持续发展的决策机制

艺术设计的运行是一个人脑原创性思维不断深化，同时通过传播媒介外化展现，然后受到更多人脑的判断，又反馈于个体人脑继续发展的循环过程。一般来讲一个设计总是要经过若干次循环，才能得到理想的设计成果。于是在社会需求的层面，也总是期望于下一轮循环的结果能够得到更好的结果，于是这种循环就可能继续地循环下去，一直到设计的项目在时间无情的限定下而不得不决策时。设计概念构思循环的次数越多，是否成果就一定更好，是一个需要打问号的问题。在数学的概念中这种循环似乎可以永远地持续下去，按照这样的理论，一个设计的命题针对个体人脑也许穷其一生也不会有一个满足于其他人脑的结果。因为艺术设计的感性思维特征决定其结果不具备真理性。实际上作为个体人脑，在生理上是不具备在单一概念和特定时间持续循环思维的。

换一个人脑来思维同样是这种过程。于是在现实的社会中，就要通过项目的时间限定、招标投标、信任委托等决策方式，来限定人脑欲望对设计结果的无限憧憬。在这里项目的功能需要是绝对的，而审美需求则是相对的。一个项目如果在功能问题基本解决的情况下，反复纠缠于物像美感的外在追求，就会导致物质与人力资源的极大浪费，成为艺术设计面向相关行业发展不可持续的痼疾。因此，在艺术设计的创作领域，当行业项目的任务目标基本确定后，能否可持续发展就在于建立科学的正确决策机制。

导致艺术设计目标实现的决策是一个复杂的过程。这是一个综合多元的决策体系，任何一个环节的缺失都有可能影响整个系统。就其影响的主要方面而言，决策系统的运行取决于社会需求、设计机构和设计人才三个层面相互影响和相互制约的结果，而社会需求则是影响决策的主导。

艺术设计是一门满足于人的物质与精神需求，并通过商品最终实现其目标的创造性专业。其创造的原动力来自人们生活欲望的追求，生活中的衣、食、住、行……无一不是人的行为使然，商品造就的舒适、美观、方便、快捷……无一不在适应人的感官。因此，人的社会存在所导致的生活欲求是艺术设计赖以存在的基础。在这里使用"欲求"而不用"需求"是想说明人的生活欲望和人的基本需求是不同的，如果只是满足人的基本需求，也就是基本的温饱，那么，也许艺术设计工作者全都要失业。商品所谓的高格调与高品位往往与时尚和奢侈挂钩。以地球有限的资源，永远也无法满足人类毫无节制的贪欲，也不可能让全部的人类都去过类似英国女王那样的生活。

有学者说：人类文明就是讲道德的人类欲望相加的总和，人类文明史就是人的欲望同道德相互冲突和协调的复杂历史。孔子曰："己所不欲，勿施于人。"这是人世间一条有关欲望的黄金公理。18世纪英国著名经济学家亚当·斯密的思想体系是：道德——经济学——道德。他与同时代的一些学者的核心思想是：努力在利己主义和利他主义之间建立起一种完美的平衡。"私人利益可以被用来导向社会普遍的利益；或者说，它可以被用来满足其他千百万人的正当欲望——'文明的自私'。这个术语或思想即便在今天也是个闪光的关键词。其实'文明的自私'在18世纪整个英国资产阶级经济思想界占有主导地位。资本主义社会秩序正是依靠它才确立起来的。"所谓符合道德规范的人欲，即中国古人所说"君子爱财，取之有道"。

从可持续发展的概念出发，社会需求层面的决策机制应建立在道德的层面，也就是价值观的导向方面。艺术设计项目策划的目的性，在这里具有至关重要的意义。构建和谐的资源节约型社会，应该成为社会需求层面决策机制定位的核心指导内容。

艺术设计的各专业方向在全世界迅速发展，使其成为 20 世纪最具活力的行业。就艺术设计的社会项目运行规律来看，纵向对应的是社会产业——生产者，横向对应的是政府、企事业单位、社会团体以及个人——使用者。以艺术设计相关的平面视觉传达、产品造型、空间环境设计等专业的发展为例进行比较分析。

国外发展的现状是以发达的工业化国家作为背景，由此体现出以下特征。

（1）完善的知识产权保护机制与科学运行的设计与创作市场。

（2）探索未来生态环境条件下的绿色设计方式，建立与生态文明时代相符的设计与创作系统。

（3）完备的品牌体系以及相关的产业系统，以人居环境基本需求为标准的材料与构造体系。

（4）设计风格的多样性和对应于特定环境设计语言统一性的共存，表现出成熟的设计理念与设计市场。

国内发展的现状脱离不了现代化进程中过渡期的制约，由此体现出以下特征。

（1）设计的价值概念尚未在社会确立，知识产权得不到保护，设计市场尚未建立。

（2）尚未在设计理念上实现艺术与科学的融合。未能建立与生态文明时代相符的设计与创作系统。

（3）设计风格的单一性和对应于设计市场多元性需求的缺失。表现出不够成熟的设计理念与设计市场。

通过分析不难看出存在的差距，而差距正是建立社会需求层面艺术设计可持续发展决策机制的规范，这个规范应包含以下内容。

（1）确立设计的社会价值观，尊重和保护知识产权，以此建立完善的设计市场，并以相应的法律法规实施保护。

（2）确立大中型设计项目立项实施的科学论证制度，未经论证的项目不得进入设计程序，论证要基于可持续发展的环境评价标准。

（3）确立严格的行业设计等级准入制度，建立艺术设计各专业方向设计者职业资格认证的系统。

（4）确立完备的行业绿色设计招标与投标制度，未经绿色设计招投标的大中型项目不得实施。

第五节　生态视角下中国艺术设计行业可持续发展的战略与对策

随着国民经济的蓬勃发展，中国艺术设计行业也进入了一个快速发展的阶段，规模、质量、从业人员数量都发生了巨大的变化。而随着人民生活水平不断提高的需求，新的消费市场领域也在不断诞生，于是更多的设计类型也不断应运而生。艺术设计行业向人们展示出一片光明的前景。另外，由于艺术设计行业的全面发展，其对中国的市场繁荣也产生了巨大的影响。艺术设计同时解决产品的功能和形式问题，从而提高了产品质量也刺激了消费，为市场提供了旺盛的需求力。同时，由于产品的质量和形象的提升也极大地增强了民族产业的国际竞争力，使中国企业、中国的产品全面地步入了国际舞台，为国家出口创汇、发展经济、增强民族自信心起到了推动作用。

回顾改革开放以来我们生活的变化，衣、食、住、行的改善无不体现着艺术设计行业的巨大作用。中国人民的生活，尤其是城市居民的生活已步入一个新的阶段。人们不再仅仅满足于基本生活资料的获取，开始追求"多余"的消费，而这种多余型的消费对设计也提出新的要求。面对这种既迫切又模糊的需要，我们的设计群体将以什么样的方式去应对呢？是不断地以消耗资源为代价去满足人的欲望，还是应用非物质的手段唤醒一种精神，即我们的设计究竟扮演一个主动还是被动的角色，去如何创造生活，如何引导消费，这关系着艺术设计的生命力的问题。积极的、有前瞻性的、有科学发展观的设计观是需要建立的，如若不然设计面对大众的消费欲望就有迷失方向的危险。

另外，在发展的历程中，中国的艺术设计行业已初步形成自己的市场体系，即拥有了一个庞大的设计群体和一个数量可观的消费群体，但由于市场建立的时间较短和发展过快，尚存在着许多亟待解决的问题。这其中既有无序竞争的问题，也有政府职能部门监管不力的问题。与此同时，同快速发展的行业相适应的人力资源的培育模式也尚未建立，存在着人才培养模式单一，精英式人才培养和应用型人才培养没有科学的规划等问题，使得思想向产品的转化过程中产生了脱节，这也给行业的进一步发展埋下了隐患。

总之中国艺术设计的相关行业既充满了活力，又具有远大的发展前景，同时也存在着诸多的问题。我们必须对二者有一个清醒的认识，应尽快结合中国的实际情况制订一个科学的发展战略计划。由于艺术设计各专业方向极具综合性，包容科学技术、人文艺术等多种学科，同时又涉及公共管理、人才培养、市场维护等多个方面内容，因而在制定战略和形成对策时不可简单笼统地处理，而应该针对其特点分系统、分环节、有目标地制定出一整套发展战略规划。

一、中国艺术设计市场体系的建立

在 2003 年，我国的人均国内生产总值达到了 1000 美元，这既是代表着我国的经济发展取得了良好的效果，也说明了我国由解决温饱问题阶段迈向了全国人民奔小康的阶段。在这个时期，工业建设与城市化建设在飞速发展，传统的农业社会开始加速转型为现代化的工业社会，与此同时，在该时期，我国还准备继续深入改革开放，完善社会主义市场经济体制的建设。在我国的发展和改革道路上的成果，都将给予这个阶段许多新特征。

社会主义市场经济的完善和社会主义体制的全面建设将在市场化取向的改革开放的背景下进行到崭新的阶段，虽然改革开放的发展出现了在不同领域不平衡的现象，而且一些深入化的问题也没有得到妥善的解决，但是经济体制的改革政策为我国的经济发展做出了不可磨灭的贡献。

我国在进入新的发展阶段之后，市场化取向的改革要向全面的体制创新阶段进行发展，改革由体制外培育非国有市场主体向体制内建立新型产权制度推进。在新的发展阶段，政府管理体制的改革和政府职能的转变是深化改革的重要内容，其核心是要正确、合理地解决政府与市场、政府与人民、政府与社会之间的关系。也就是由偏向于国有经济体制改革转变成为各种所有制经济发展创造一个公平竞争的环境。

（一）社会需求的增长

我国经过近些年的努力，经济的发展得到了明显的提升，我国的城乡居民也实现了收入的提高，因此，我国的居民消费结构也发生了巨大的转变。电子通信类产品、旅游、教育、出行、住房等已经成为现代中国人民的消费热点，而且中国人民的消费需求在越来越多变，使中国社会的消费结构向着"发展型"开始转变。在该时期，中国人民对于生活的需求越来越高，大众的生活也必然进入了新的阶段，这就出现了新的阶段特征。第一，在中国人民都实现了温饱之后，城乡居民对于教育、文化、娱乐以及环境等需求在逐步提升，尤其是在教育方面进行了较大的支出；第二，随着大众生活水平的逐渐提升，人们开始关注环境卫生、生产环境、食品安全以及身体健康等方面的问题；第三，伴随市场化程度的不断深入，不可避免地出现了一些社会问题，例如，人口增加、大众就业问题、人口老龄化问题、公共服务问题等，这些社会矛盾和问题随着市场化的深入越来越严重，城乡居民对于社会保障的要求也越来越高。社会的需求在商品社会中可以看作消费市场，是促进艺术设计产业快速发展的直接动因。社会发展的不同阶段都会出现各种各样的矛盾，当前这种矛盾还将在一定时期内存在。此类矛盾的具体反映就是城市的公共设施，它需要艺术设计行业中的环境艺术范畴的各专业去解决。事实上也是如此，我国环境艺术设计行业二十年来的飞速发展也印证了这一点。

除了整个社会出现了一些公共的需要以外，大众的个人需求也在不断变化，产生这种需求的直接起因就是创造"更好的生活"。更好的生活是一种合理的需求，也是一种价值判断，它是人们的对于生存的价值提出的问题。

（二）个人消费的需求市场的形成

对于中国人而言，需求的本身就是一个问题。在 20 世纪 80 年代之后，新的需求观念逐渐取代了之前的国家主义需求观念。这使得大众从消费受控者变成了消费主权者。我国在很长一段时间不仅控制了人们对于物质的需求，还对其他需求也进行了控制，例如情感、娱乐、审美等精神需求在一段时间之内都是被严格规定的。以物质需求举例，当某些时期，国家对于人们的食品和衣服的供应都有数量的规定。国家不仅规定人要有多少种基本需求和每种需要满足到什么程度，而且规定以什么物品去满足这些需求，并且以此认为它满足了所有人的同样需求。这种社会模式可以包括人们的一些需求，甚至包括生理需求。当大众在这种社会模式中失去了对物质需求的自由权利时，他们便无法知道自己的"自然"需求是什么。在这种社会模式之下，因为"需求"无法被拿出来进行公共讨论，需求只能成为满足人们生存需要的代名词。对于现代社会而言，需求势必是人们在公共生活之中最具争议的问题之一。需求是相对的，它受到历史的影响、特定社会的影响，并且人们的需求也会受到自我欺骗的影响。

启蒙运动以后，个体的人的价值开始得到社会的认可，个人的源于生理和心理两方面需求的增长正是这种价值认同的具体表现，艺术设计在技术层面满足了这种不断增长的需求，而变化中的需求又刺激艺术设计行业的专业领域在不断扩展。二者形成了市场体系中动态平衡的体系，社会中的个人需要形成消费市场的深度，而个人多样的需求又形成消费市场的广度，剧场、住宅、汽车、服装、首饰、电器这些丰富多样的被设计的物品的出现使生活的确开始变得多姿多彩。生产和消费是构成市场体系的两大因素，一方面生产要满足消费，另一方面又要引导和刺激消费，如此反复循环，才能形成具有活力的市场体系。改革开放以来我国通过自主创新和开放引进，已初步建立起自己的设计和加工产业，已越来越多地介入本土市场，仅就环境艺术设计行业系统的不完全统计，已拥有设计师近百万人，产值上万亿元。人类的需求是一种比较特殊的欲望，人们常常使用它去讨论什么对人类来说是"好"，什么是人类应该追求的"好生活"。人们对于需求的正确认识能够帮助人们去了解人性，去用需求界定人性。因此，我们常会看到一些说法，例如，人类用"缺乏"来界定自己的存在，将空白和不完美作为人类的特征。人类之所以能够在自然界成为特殊的存在，就是因为人类有无限的可能性，人类能够自己满足自己的需求。人类产生了需求，产生了将需求表述变成了人类的一种语言，这才能够使人类意识到要去保护和尊重每一个有需求的个体。

二、艺术设计市场的管理体制

对于中国来说，无论如何，中国的整个工业化进程是近现代人类历史上一个十分罕见的现象，而中国的这种持续高速增长也成为改变世界现有政治和经济格局的一种最为活跃、最具不确定性的因素。

近年来，不仅仅是规模上的变化，生产和设计水平也有了极大的提高，中国现在大概有上百种产品的产量已经成为世界第一，包括手机、彩色电视机、有线通信等，这其中许多已是我国在该领域的完全自主设计，现在维持很多国家中产阶级生活的主要消费品来自中国。中国建筑业更是如此，中国的建造规模在全世界遥遥领先，而在建设的过程中本土的设计师发挥了重要的作用。数以万计的设计机构以及数十万甚至上百万的设计师群体已经形成了庞大的卖方市场。

树立正确的行业发展观念，需要先树立正确的科学发展观。目前，树立科学发展观已经成为中国各行业内都普遍认同的一种观点。它不是一个只用嘴喊的口号，也不是一种政治的宣传，它是能够帮助中国各行业看清现实，面对中国的经济增长、外部环境、内部结构以及能够在可持续发展的道路上进行长远发展的一种基础理念。这是由于，无论社会之中人们的理想是什么，面对一个不平衡的社会结构，人们是无法建立起一个和谐、高效、稳定的社会治理结构的。艺术设计行业的管理也必须牢固地树立科学发展观念，追求生产、消费、资源、科技含量和人文关怀之间的和谐，力求达到共同进步、共同生存的境界。树立这种观点在实际管理的过程中就应该体现一种全局观念，体现管理者与被管理者之间的一种平等互助的关系。同时应充分尊重行业的特点，制定出一整套细致的管理措施。

新形势下的政府管理机制的转型，需要以中国科学技术发展公共政策为基础，建立起牢固的以人为本的理念。以人为本理念的建立不仅需要受过高等教育的民众，更需要让普通大众都能够享受到科学技术所带来的便利性与实惠性。使科学技术的知识、信息能够在普通大众之中传播、应用。让普通大众能够达成自己的理想生活，改变自己的现状。与此同时，以人为本的理念还应该体现出科学技术的发展不仅仅是少部分高科技人才和工程师的职业行为，更应该是普通大众和社会整体的集体行为。

三、艺术设计市场的人力资源培育

艺术设计市场从人的构成来看即是设计者和消费者，开发建设艺术设计市场就必须开发这双方共同构成的人力资源。一方面要让设计群体保持旺盛的创造力；另一方面要让消费群体具备持续增长的吸收、消化能力。设计群体的创造力包括设计解决问题的能力、设计研究的前瞻性、设计团队的阶梯性、人员知识构成的合理性等，这就要求社会建立起系统的人力资源培训机构和相应的机制。而消费群体持续增长的消化能力包括消费中的理性增长、消费中的物质和精神的均衡性等，它的健康培育将有力地反作用于设计群体，促进设计的进步。

（一）培育设计和消费群体的科学素养

艺术设计是一门技术加艺术的学科，而无论在艺术还是技术中，科学的思考都是必不可少的，所以科学素养无论对于设计一方还是消费一方都是极其重要的。科学素养可以说是一个历史的概念，在 20 世纪 50 年代便开始有了较为长远的发展，人们开始对它的内涵和理念进行不断完善。在最初，它主要强调科学的统一性、自主性，主要想提高学生的科学素养以培养出科学家和工程师。随着时间进入 20 世纪 70 年代，人们开始对科学素养有了更进一步的理解和拓展，这其中便包括了科学的道德规范、科学的性质、科学的概念、科学的知识、科学与技术、科学和社会以及社会与人类等方面的内容；到了 80 年代，人们又将科学素养拓展到了科学世界观的性质、科学事业的性质、科学与人类事务等方面；进入 21 世纪，科学素养又推广至艺术、人文领域，而处于交叉和边缘状况的艺术设计领域更是如此。

在艺术设计行业中属于生产方的设计和制造者的科学素质存在着巨大的问题。一方面，艺术设计专业人才总量相对不足，结构不合理，高层次人才严重紧缺，专业技术人才和熟练技术工人不能满足需求，成为制约中国艺术设计产业发展（设计和制造）以及中国社会全面建成小康社会和实现现代化强国目标的最大"瓶颈"。另一方面，设计人员的自身科学素养受其知识结构的影响，对艺术设计的认识偏重感性而忽视理性，重视造型而忽视功能，导致现代化的技术成就对艺术设计产业的影响大大降低；同时在设计作品中存在大量浪费和不健康的因素。这类作品成批量的生产最终会导致社会文化的衰败。因此，要全面建成小康社会，就应把提高全民科学素质放在最重要、最优先的地位。

（二）完善现有的艺术设计高等教育机制

直到目前为止，艺术设计专业的高等教育同其他大多数学科一样仍然对学科的培育和发展起着重要的意义。中国的艺术设计的高等教育机构是培育设计师最主要和最重要的摇篮，同时中国的高等教育机构在艺术设计行业形成的早期还承担着研究、实践的工作。随着行业的发展以及对外交流的深入，艺术设计领域的高等教育的规模、性质也产生了巨大的变化。在科研和实践方面它的先锋作用已受到完全市场化的专业机构的挑战，高等教育开始回归到一个以培养人才为主的状态中。高等教育的发展动因并不产生于教育系统本身的需要，更不会是因这种需要而产生所谓对社会的压力。相反，高等教育的不断发展是社会推动的，是社会经济的不断发展对高等教育形成的新需求所致。

四、特定行业的生态环境战略

大众的消费水平决定着市场的大小。市场经济体制下的社会最容易演变成被消费主义所操控，艺术设计同样无法避免这种的问题。当设计师进行艺术设计时，加入了过多的消费观念之后便会开始有艺术设计的异化，这种现象如果长久得不到解决，那么便会产生文化的倒退。此外，因为设计能够刺激消费，也会使部分大众产生非理性的消费观念。这种消费观念使这些人的消费远超了需求，而传统的观念之中自然资源是支撑这种畸形消费取之不尽用之不竭的源泉。所以，人们在设计理念和设计的过程中并没有将自然摆放在应有的正确位置，开始对自然环境进行了大肆的掠夺、破坏。所以，我们当然要对科学技术的发展和满足大众需求的实现给予认同，但同时我们也应该重视人类所处的自然环境和可以利用的公共资源的现状，这些大部分不可再生的公共资源和公共利益正在遭受无法挽回的破坏。

（一）建立生态文化观

人们在当前已经开始对于环境的保护和生态的危机有了充分的认识，开始在寻求一条可持续发展的道路，这就使文化转型变成了大势所趋。社会之中开始出现一种以互惠性价值观为支撑的生态文化，并且这种生态文化的价值观受到了绝大部分人的认同，有了非常好的发展。这种文化指的是人类在实现自我价值和建设之中要普及保护生态环境的价值观，在两者的互益活动中保持人与自然和谐，实现社会可持续发展。

在当今社会，生态文化已然成为一种常态的社会文化，其不仅有自身的含义与价值观，还具备科学、合理、符合生态规律、稳定的关系结构。人类若想对其进行研究与建设，那么就要以认识正确的生态文化基本含义和价值观，分析和掌握生态文化的内在关系结构与相互之间的作用为基础。生态文化既有广义，也有狭义。广义的生态文化指的是一种生态的价值观，也可以说是一种生态文明观。它能将人类的新式生存模式反映出来，也就是体现人与自然之间的和谐生存模式。广义的生态文化，大致包括三个层次，即物质层次、精神层次和制度层次。狭义的生态文化是一种文化现象，即以生态价值观为指导的社会意识形态。

在当前，生态文化已经成为一种社会常态文化，它当然也具备了十分广泛的应用性，可以说，生态文化是一种全人类的文化。从 20 世纪开始，人们便开始逐渐重视自身生存的环境与生态保护，并在这个过程之中产生了许多生态意识与环境保护观念。随着时间的推移，人们开始以此为基础，进行了生态环境保护的一系列科学研究，并得到了相应的科技成果，例如，生态教育、生态科技、生态理论、生态文学、生态艺术以及生态神学等。这些"生态文化"成果的创建，既表明了生态学思维方式对人类社会的渗透，也显示出一种生态文化现象正在全球蔓延。生态文化是属于全人类的，这是因为生态文化建立在科学的基础之上，而科学是无国界的，它为所有的人提供正确认识的理论基础；生态本身的物质性作为一种客观存在，它对所有的人都同样起作用；人类的生存发展需要适宜的生态环境，而生态文化既是这种状态的产物，又对维护这种状态起着巨大的能动作用。生态文化是人类向生态文明过渡的文化铺垫，也是自然科学与哲学社会科学在当代相互融合的文化发展趋势。

（二）生态科技文化之下的艺术设计

海德格尔说："技术不仅仅是手段，还是一种展现的方式。如果我们注意到这一点，那么，技术本质的一个完全不同的领域就会向我们打开。这是展现的领域，即真理的领域。"现代文明所带来的科学技术正在不断发展，这既给人类带来了丰富的物质生活以及极大的便利性，也给人类所生存的环境带来了无法估量的破坏。所以，科学技术的发展不仅要考虑怎样为人类带来价值，也要重视对环境的保护以及修复，要能够承担起保护环境、修复生态的责任，确定科学技术发展的生态意识，使科学技术发展带有鲜明的生态保护方向。也就是说，在艺术设计方法中运用科学的生态学思维，对艺术设计提出生态保护和生态建设的目标。这是艺术设计之中技术进步的新形式。生态科技文化把生态价值概念引入艺术设计学科研究和实践，强调设计创作和制造既有利于大多数人的利益，又有利于保护自然的科学技术。它要求我们对设计成果的评价，既要有社会和经济目标，又要有环境和生态目标，使之向着有利于"人——社会——自然"这一复合生态系统的健全方向发展，为人类社会可持续发展提供指导思想、应用技术和具体途径。

（三）生态美学文化之下的艺术设计

在现代的生态观念的引导之下，生态美学这门跨学科性的美学应用学科应运而生。它的核心是"生态之美"，是要通过人的生活方式与生存方式对生态环境进行审美解读和再度创作，并且将我国传统文化中的"天人合一"的自然理念发扬光大。把我国传统美学"以人的生命体验为核心"的审美观与近代西方"以人的对象化和审美形象观照"为核心的审美观有机地结合起来，追求"主客同一"的理想境界，从而使审美价值既成为人的生命过程和状态的表征，又成为人的活动对象和精神境界的体现。生态美学在当前社会中的良好发展和应用，不仅给予了美学理论新的发展思路和内涵，还能够将生态问题的解决、改善生活环境等问题放在实际的层面上去解决。与此同时，生态美学还将人们对于现代艺术设计和生态环境相结合的全新理念进行了大胆的突破和创新。这就使艺术家们在进行艺术设计时不再仅仅注重于传统理念中的实用功能和形态，而是增加的生态环境这一新的理念。也许未来建立于生态美学基础上的设计产品其视觉形象将超越我们以旧有经验所形成的审美标准，这也是未来艺术设计需要解决的新的问题。

　　想要艺术设计行业中的生态观念能够深入、生态意识战略能够顺利地实行，还需要在中国的教育界普及生态文化知识。生态教育文化的主要作用是让社会中的全体大众能够对生态知识有所了解，进而生成个人的生态意识，最终在社会之中形成系统的生态法制教育。生态教育文化建设应当努力使每一个有行为能力的人都有较强的生态意识。同时，使受教育者获得关于人与自然的关系，人在自然界的位置和人对生态环境的作用，生态环境对人和社会的作用，如何保护和改善生态环境以及如何防治环境污染和生态破坏等知识。重视生态保护和社会教育，通过各种形式，利用各种传播媒介，从幼儿园、小学、中学到大学，培养人们的生态价值观，提高人们的生态意识和生态道德修养，从而提高人们保护生态和优化环境的意识。这种文化基础对艺术设计者、消费者自身都会起到一定的规范和制约作用。

参考文献

[1] 中国城市规划学会. 商业区与步行街 [M]. 北京：中国建筑工业出版社，2000.

[2] 凌继尧，徐恒醇. 艺术设计学 [M]. 上海：上海人民出版社，2000.

[3] [英] E. H. 贡布里希. 秩序感 [M]. 范景中，杨思梁，徐一维，译. 长沙：湖南科学技术出版社，2000.

[4] 中国城市规划学会，中国建筑工业出版社. 滨水景观 [M]. 中国建筑工业出版社，2000.

[5] 中国城市规划学会，中国建筑工业出版社. 商业区与步行街 [M]. 中国建筑工业出版社，2000.

[6] 中国城市规划学会，中国建筑工业出版社. 城市广场 [M]. 北京：中国建筑工业出版社，2000.

[7] [美] 凯文·林奇. 城市意向 [M]. 方益萍，何晓军，译. 北京：华夏出版社，2001.

[8] 钱健. 建筑外环境设计 [M]. 上海：同济大学出版社，2001.

[9] 章俊华. 居住区景观设计 [M]. 北京：中国建筑工业出版社，2001.

[10] 赵军. 环境艺术设计基础 [M]. 天津：天津人民美术出版社，2001.

[11] 吴家骅. 环境艺术设计史纲 [M]. 重庆：重庆大学出版社，2002.

[12] 董万里，段红波，包青林. 环境艺术设计原理（上）[M]. 重庆：重庆大学出版社，2003.

[13] 周立军. 建筑设计基础 [M]. 哈尔滨：哈尔滨工业大学出版社，2003.

[14] 朱钟炎. 室内环境设计原理 [M]. 上海：同济大学出版社，2003.

[15] 董万里，许亮. 环境艺术设计原理（下）[M]. 重庆：重庆大学出版社，2003.

[16] 彭泽立. 设计概论［M］. 长沙：中南大学出版社，2004.

[17] 陈飞虎. 环境艺术设计概论［M］. 湖南：湖南美术出版社，2004.

[18] 吴昊. 环境艺术设计［M］. 长沙：湖南美术出版社，2005.

[19] 曹瑞林. 环境艺术设计［M］. 河南：河南大学出版社，2005.

[20] 程大锦. 建筑：形式·空间和秩序［M］. 天津：天津大学出版社，2005.

[21] 黄艳. 环境艺术设计概论［M］. 北京：清华大学出版社，2005.

[22] 李砚祖. 环境艺术设计［M］. 北京：中国人民大学出版社，2005.

[23] 林辉. 环境空间设计艺术［M］. 武汉：武汉理工大学出版社，2005.

[24] 江滨. 环境艺术设计快题与表现［M］. 北京：中国建筑工业出版社，2005.

[25] 熊建新. 现代室内环境设计［M］. 武汉：武汉理工大学出版社，2005.

[26] 郝卫国. 环境艺术设计概论［M］. 北京：中国建筑工业出版社，2006.

[27] 陆小彪，钱安明. 设计思维［M］. 合肥：合肥工业大学出版社，2006.

[28] 席跃良. 环境艺术设计概论［M］. 北京：清华大学出版社，2006.

[29] 屈德印. 环境艺术设计基础［M］. 北京：中国建筑工业出版社，2006.

[30] 李保峰，李刚. 建筑表现技法［M］. 武汉：湖北美术出版社，2007.

[31] 王东辉. 室内环境设计［M］. 北京：中国轻工业出版社，2007.

[32] 辛艺峰. 建筑室内环境设计［M］. 北京：机械工业出版社，2007.

[33] 郑曙旸. 环境艺术设计［M］. 北京：中国建筑工业出版社，2007.

[34] 冯美宇. 建筑设计原理［M］. 武汉：武汉理工大学出版社，2007.

[35] 蔺宝钢，吕小辉，何泉. 环境景观设计［M］. 武汉：华中科技大学出版社，2007.

[36] 王烨. 环境艺术设计概论［M］. 北京：中国电力出版社，2008.

[37] 邱晓葵. 室内设计［M］北京：高等教育出版社，2008.

[38] 张朝晖. 环境艺术设计基础［M］. 武汉：武汉大学出版社，2008.

[39] 李晓莹，张艳霞. 艺术设计概论［M］. 北京：北京理工大学出版

社，2009.

[40] 王晓俊. 风景园林设计 [M]. 3 版. 南京：江苏科技出版社，2009.

[41] 李蔚青. 环境艺术设计基础 [M]. 北京：科学出版社，2010.

[42] 李强室. 内设计基础 [M]. 北京：化学工业出版社，2010.

[43] 毕留举. 城市公共环境设施设计 [M]. 长沙：湖南大学出版社，2010.

[44] 凌继尧，等. 艺术设计概论 [M]. 北京：北京大学出版社，2012.

[45] 胡荣桂. 环境生态学 [M]. 武汉：华中科技大学出版社，2012.